室内设计

Interior design
hand-painted
expression

手绘 表现

刘郁兴 著

中南大学出版社
www.csupress.com.cn
·长沙·

图书在版编目（CIP）数据

室内设计手绘表现／刘郁兴著. —长沙：中南
大学出版社，2020.5（2022.8 重印）
　　ISBN 978-7-5487-3923-4

　　Ⅰ.①室… Ⅱ.①刘… Ⅲ.①室内装饰设计—绘画技
法—高等学校 Ⅳ.①TU204

　　中国版本图书馆 CIP 数据核字（2020）第 012714 号

室内设计手绘表现
SHINEI SHEJI SHOUHUI BIAOXIAN

刘郁兴　著

□**责任编辑**	刘　莉	
□**责任印制**	唐　曦	
□**出版发行**	中南大学出版社	
	社址：长沙市麓山南路	邮编：410083
	发行科电话：0731-88876770	传真：0731-88710482
□**印　　装**	湖南省众鑫印务有限公司	

□**开　　本**	889 mm×1194 mm 1/16	□**印张** 9.5	□**字数** 233 千字
□**版　　次**	2020 年 5 月第 1 版	□**印次** 2022 年 8 月第 2 次印刷	
□**书　　号**	ISBN 978-7-5487-3923-4		
□**定　　价**	56.00 元		

前　言

　　人类最简单的设计语言来自手绘，手绘是与心灵契合的表达方式，是设计师内心真实的感受。

　　随着时代的不断发展，计算机技术越来越先进，设计师更加注重使用计算机绘制设计图。尽管计算机制图有很多优势，但设计师仍要掌握手绘草图，不应该忽视这门技术。手绘草图在表达设计思想时不会受时间、地点等因素的影响，而且其表现方法非常灵活。设计师通过手绘方式，可以迅速地把自己的设计构思呈现给客户，清晰地表达自己的想法。

　　本书融入笔者多年来在教学中的思考和在项目实践中的体会，以专业需求为导向，自然地将理论与实践融为一体。本书具体包括导言、室内设计手绘表现概述、室内设计手绘表现基础、手绘空间透视技法及线稿表现、快速手绘色彩表现、作品欣赏六个章节，全面、系统地对室内设计手绘表现进行图文并茂的阐述。本书中200多幅手绘图系笔者在教学过程中的示范、项目的实践成果以及在本书写作过程中所绘制的作品。

　　本书可作为教材或教辅资料，适合于高等院校环境艺术设计专业（室内设计方向）的学生使用，并适合作为装饰行业设计人员的自学工具书和培训教材。

　　在本书的编写过程中，笔者得到了中南大学出版社的大力支持，得到了同行及相关专业教师的认可，同时也得到了卓越设计教育创始人杜建老师、主讲老师周星辰等朋友的相助，在此一并表示感谢。

　　从教十多年，取其最精华之处编入此书，但因一家之言，难免有误。如有不同见解，还望海涵；也恳请读者朋友给予指正，笔者将不胜感激！

编　者

2020年5月

目 录

第1章　导言

1.1　室内设计手绘表现课程的教学意义与目标

1.1.1　教学意义

　　专业手绘表现课程是高等院校艺术设计、建筑设计等专业的一门必修专业基础课。此课程对学生掌握基本的设计表现方法、理解设计、深化设计、提高整体的设计能力都具有极其重要的作用，因此长期受到学生和专业设计人员的重视（图1.1、图1.2）。手绘是一名设计师表达自己设计语言最直接和有效的方

图1.1

法，也是判断设计师专业水准的有效依据之一。随着科学技术的快速发展，手绘表现的工具也发生了很大变化，从原来单一的传统水粉表现发展为多种表现形式共存。马克笔表现是手绘表现中最为快捷方便的。电脑软件作图的不断完善，也使设计表现的能力大大提高。但是一些年轻的设计师过分依赖电脑制作而忽略了对徒手表现能力的训练，把整个设计过程简单地理解为电脑设计图的制作，这种思想和做法对于其未来的设计发展是极为不利的。设计过程本身应该是一个合理而科学的体系，一切表现手段都应为设计内容服务，而手绘表现方式应贯穿整个设计过程的始终，为解决设计问题而提供有效而快捷的方法。所以，从社会实际的需要与学生发展现状两方面来看，学生能够认识到手绘表现课程的意义是十分重要的；同时，从实际操作角度出发，结合教学全面提升学生设计表现的能力不仅对于他们掌握手绘表现技法具有促进作用，而且对于学生今后在设计创作实践中不断加强完善设计方案的能力也具有十分重要的意义。

图1.2

1.1.2 教学目标

专业手绘表现课是一门以教授专业手绘表现技法为主的专业基础课。它是学生从基础绘画课程向专业设计课程过渡的一门必修课。作为今后要从事设计专业的学生，不仅要了解表现技法的相关知识，还要熟练地运用各种技法为实际设计项目服务。本书首先从理论框架上全面地介绍有关手绘表现的基础知识，其次通过对马克笔手绘技法的讲解、步骤图的分析与优秀作品的展示，使学生能熟练地运用钢笔、水性笔、马克笔、彩铅等工具、材料进行手绘图的绘制，为全方位提升设计水平打下良好的基础。（图1.3、图1.4）

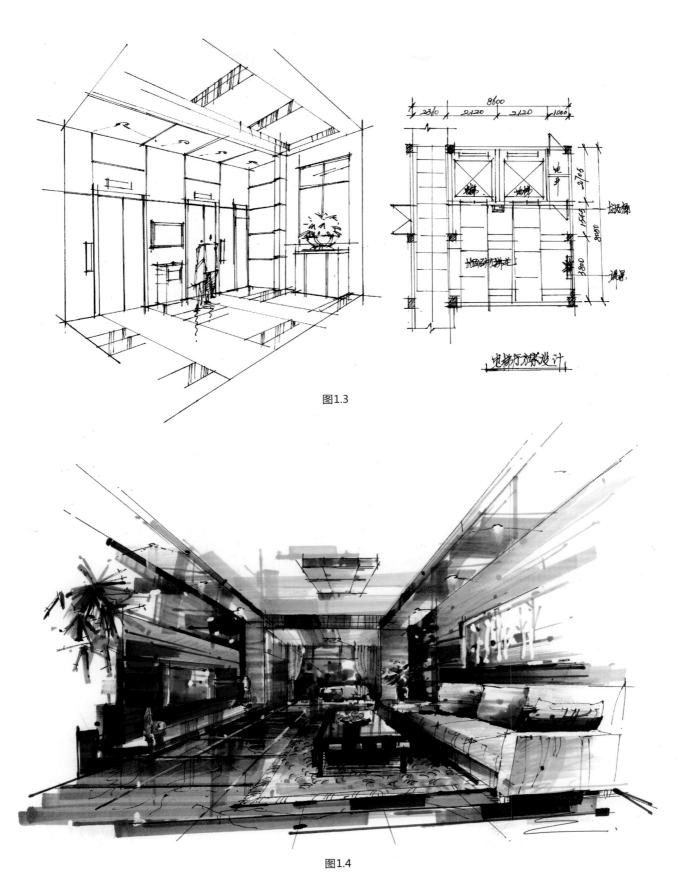

图1.3

图1.4

1.2 室内设计手绘表现课程的主要内容与教学考核标准

1.2.1 课程的主要内容与学习目标

手绘表现课程是专业必修课。通过学习，学生能熟知室内空间的具体表现手法，具备实现室内设计构思表现和方案设计表达等相关专业技能，为后续专业课程的学习奠定坚实的基础。（表1.1）

表1.1 课程内容与目标

模块	课程名称（项目名称）	课程内容（项目内容）	学习目标	重点	建议学时	备注
第1章	导言	室内设计手绘表现课程的教学意义与目标	了解设计表现能力在艺术设计领域的作用	设计表现的学习方法，对手绘表现有初步认识	0.5~1	
		室内设计手绘表现课程的主要内容与教学考核标准	了解室内设计手绘表现课程的主要内容与学习目标	手绘表现的重要性	0.5~1	
第2章	室内设计手绘表现概述	手绘表现的基本概念	熟知手绘表现概念及室内设计手绘表现的内容	室内设计手绘表现内容	0.5~1	
		手绘表现的现状与发展	了解手绘表现的现状与前景	手绘表现能力在室内设计领域的作用	0.5~1	
		手绘表现的特点与要素	掌握手绘表现的特点和要素	室内设计手绘表现要素	1~2	
第3章	室内设计手绘表现基础	常用的工具与材料	了解手绘常用的工具和材料的特性	工具特性的把握	1~2	
		基本技法	掌握室内设计手绘表现的基本技法	室内设计手绘线条绘制	4~8	
		透视原理与室内陈设表现	掌握透视原理及室内陈设表现	透视原理的掌握及表现	2~4	
		平面图、立面图与材质	掌握平面图、立面图表现的基本方法与常用材质的表现技法	常用的材质要素表现技法	3~6	
		室内陈设线稿表现	掌握室内陈设线稿表现的基本方法及技法	陈设物品风格表现	2~4	
第4章	手绘空间透视技法及线稿表现	室内表现构图常识与形式	掌握室内设计手绘表现画面构图的基础知识	构图与画面形式	0.5~1	
		室内空间表现透视	掌握室内表现空间透视的快速表现方法及技法	空间透视快速表现技法	4~8	
		室内空间表现的绘制步骤	掌握室内表现空间的绘制步骤	室内表现空间绘制步骤	4~8	
		空间线稿表现	熟练掌握空间线稿表现技法	室内表现空间绘制技法	8~16	

续表1.1

模块	课程名称 （项目名称）	课程内容 （项目内容）	学习目标	重点	建议学时	备注
第5章	手绘色彩表现	马克笔快速色彩表现基础	熟练掌握手绘色彩表现基本方法	色彩表现基本方法	2～4	
		不同材质的色彩表现	熟练掌握不同材质的色彩表现技法	材质色彩表现技法	3～6	
		家具陈设色彩表现	掌握家具陈设的色彩表现	不同的家具陈设色彩表现技法	1～2	
		彩铅表现基础	彩铅表现基础	彩铅排线方法	0.5～1	
		平面图、立面图色彩表现	掌握平面图、立面图的色彩表现方法	平立面色彩表现技法	2～4	
		室内空间上色步骤	掌握室内空间的上色步骤	空间上色技法	8～16	
第6章	作品欣赏		通过欣赏，熟练掌握手绘表现方法及技法	手绘表现技法	16～32	
（建议学时）合计					64～128	

1.2.2　教学考核标准

本课程采用多元性的评价，结合课堂提问、课程作业、课外作业、师生共评的方式，对此课程进行考核。（表1.2）

表1.2　教学考核标准

考核项目			考核方式	比例
过程考核	平时成绩	出勤	根据作业完成情况、课堂回答问题情况、学生出勤情况,由教师综合评定学生的学习态度	20%
		平时表现	根据学生实际情况,由学生自评、他人评价和教师评价相结合的方式评定成绩	10%
	单元实践(实验)		学生阐述自己设计理念,由教师评定中期检查成绩	30%
结果考核	期末考核 (综合实训)		由教师评定最终作品展示效果成绩	40%
合计				100%

第2章 室内设计手绘表现概述

2.1 手绘表现的基本概念

　　手绘是一个广义概念，是指依赖手工完成的一切绘画作品的过程。现代室内设计手绘，是指设计师用绘画手段所完成的平面、立面、剖面、大样图及其空间透视效果等与设计方案相关的一切图纸。由于目前的平面、立面、剖面、大样图等被归类在施工图中，并通过电脑软件来完成，故在目前的室内设计领域，习惯上所说的"手绘"竟成了"徒手绘制空间透视图"的简称或特指。虽然现在可以用计算机三维软件来进行绘制，但手绘依然是最传统、最快捷、最方便实用的一种视觉语言。也正因如此，室内设计师的手绘水平高低直接影响着室内设计工作的进展和成果。

　　室内设计手绘表现是以建筑装饰设计工程为依据，通过手绘表现手段直观而形象地表达室内设计师的构思立意和最终设计效果。室内设计手绘表现是一门集绘画艺术与工程技术为一体的综合性学科，但室内设计手绘已经成为设计类基础教学的独立学科。（图2.1）

图2.1

2.2　手绘表现的现状与发展

　　计算机设计大规模地兴起之后，设计师们再次意识到手绘才是设计的根本，它在构思和展示的过程中带来的便利和直观感受是计算机绘图替代不了的。因为手绘设计拥有着它的独特本质——推敲方案与传达设计思想的直接性。在设计中设计师运用传统意义上的笔，赋予其沟通交流和记载的作用。在手绘实践过程中，设计师运用快速的描绘和利落的线条，来表达自己的创意。手绘设计的初衷就是检验设计方案可行性，从根本上讲，手绘以其独创性实现在设计中不可替代的作用。一个优秀的设计案例往往是以手绘的形式呈现在大众面前。实际上国内外许多优秀的设计大师均偏爱手绘，尤其是在他们的前期构思阶段，手绘可使其进入一种极其美好的创作境界。

　　在设计行业，手绘是一种流行趋势，许多著名设计师常用手绘作为表现手段，快速记录瞬间的灵感和创意（手绘图是眼、脑、手协调配合的表现）。手绘表现对设计师的观察能力、表现能力、创意能力和整合能力的锻炼是十分重要的。手绘设计，通常是设计师设计初衷的体现。它能及时捕捉设计师内心瞬间的思想火花，并且能和创意同步。在设计师创作的探索和实践过程中，手绘可以生动、形象地记录下创作激情，因此，手绘能比较直接地传达作者的设计理念，使作品生动、亲切，并具有一种回归自然的情感特质。手绘作品有许多偶然性，这正是手绘的魅力所在。在设计行业，手绘的重要性越来越得到了大家的认同，因为手绘是设计师表达情感、表现设计理念、表述设计方案最直接的视觉语言。（图2.2）

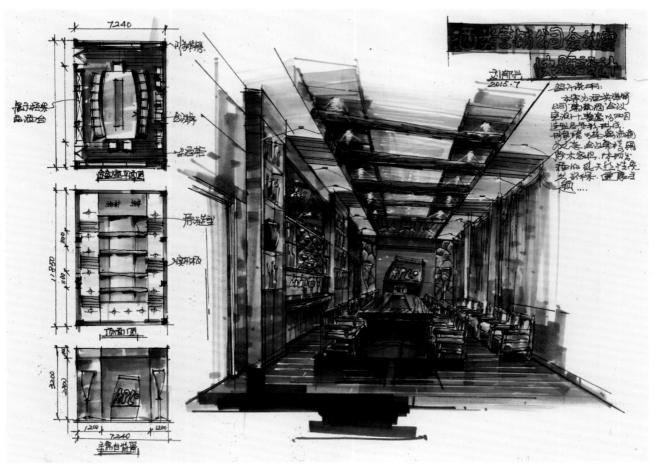

图2.2

2.3 手绘表现的特点与要素

2.3.1 手绘表现的特点

手绘表现的特点有如下几点：（图2.3）

（1）准确性：指表现的效果符合建筑装饰设计的造型要求，包括体量的比例、尺度、结构、构造等。准确性是手绘表现的生命线，绝不能脱离实际的尺度而随心所欲地改变形体和空间的限定，背离客观的设计内容而主观片面地追求画面的某种"艺术趣味"，或者错误地理解设计意图，表现出的效果与原设计相差甚远。准确性应始终排在第一位。

（2）真实性：指造型表现要素符合规律，空间气氛营造真实，形体光影、色彩的处理遵从透视学和色彩学的基本规律与规范。灯光色彩、绿化及人物等诸方面也都必须符合设计师所设计的效果和气氛。

（3）说明性：指能明确表示室内外建筑材料的质感、色彩、植物特点、家具风格、灯具位置及造型、饰物等。

图2.3

（4）艺术性：手绘表现图的艺术性必须建立在真实性和科学性的基础上，也必须建立在造型艺术严格的基本功训练的基础上。绘画方面的素描、色彩训练，构图知识，质感、光感调子的表现，空间气氛的营造，点、线、面构成规律的运用，视觉图形的感受等方法与技巧必然增强手绘表现图的艺术感染力。在真实的前提下合理适度的夸张、概括与取舍也是必要的。罗列所有的细节只能给人以繁杂之感，不分主次、面面俱到只能给人以平淡之感。选择最佳的表现角度、最佳的光线配置、最佳的环境气氛，本身就是一种创造，也是设计的进一步深化。一幅手绘表现图艺术性的强弱，取决于画者本人的艺术素养与气质。不同手法、技巧与风格的表现图，可充分展示作者的个性。每个设计者都以自己的灵性、感受去读所有的设计图纸，然后用自己的艺术语言去阐释、去表现设计的效果，这就使一般的、程式化的并有所制约的设计施工图因其而具有了独特的艺术魅力。

2.3.2　手绘表现的要素

手绘表现的要素有如下几点：（图2.4）

（1）设计思路：正确地把握设计的立意与构思，深刻领会设计意图是学习手绘表现图技法的首要着眼点。为此，必须把提高自身的专业理论知识和文化艺术修养，培养创造思维能力和深刻的理解能力作为重要的学习目的贯穿学习的始终。

（2）透视造型：它是通过画面艺术形象来体现的。而形象在画面上的位置、大小比例、方向的表现是建立在科学的透视规律基础上的。违背透视规律的形体与人的视觉平衡格格不入，画面就会失真，也就失去了美感的基础。因而，必须掌握透视规律，并应用其法则处理好各种形象，使画面的形体结构准确、真实、严谨。除了对透视法则的熟知与运用之外，还必须学会用形体结构分析的方法来对待每个形体的内在构成关系和各个形体之间的空间联系。学会用形体结构分析的方法进行结构素描的训练。

（3）透视色彩：在透视关系准确的基础上赋予画面恰当的明暗与色彩，可完整体现一个具有真实性和艺术性的形体。人们就是从这些色彩与明暗中感受到形体与空间的存在。作为训练的课题，要注重色彩构成与物体色彩空间变化规律的学习和掌握。

（4）构图布局：构图是任何绘画形式都不可缺少的最初表现阶段，室内设计手绘表现当然也不例外。所谓的构图就是把众多的造型要素在画面上有机地结合起来并按照设计所需要的主题，合理地安排在画面的适当位置上，形成既对立又统一的画面，以达到视觉心理上的平衡。

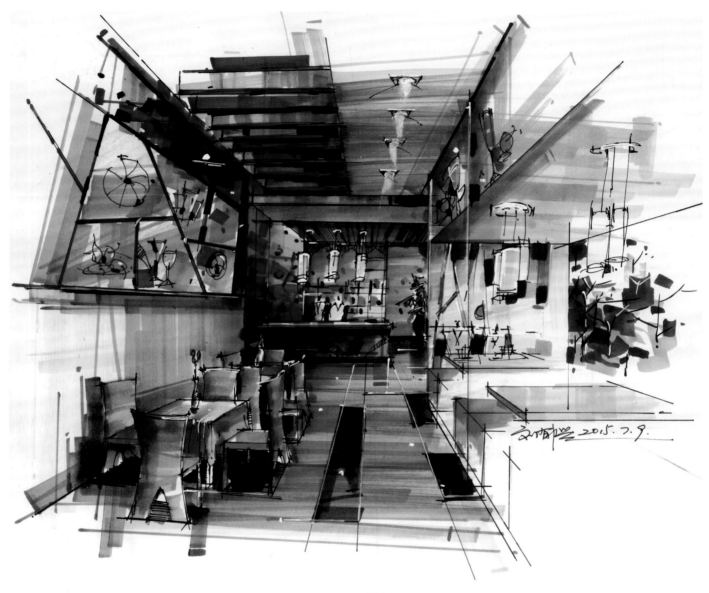

图2.4

第3章 室内设计手绘表现基础

3.1 常用的工具与材料

　　室内设计手绘在表现设计的对象时，一般多采用线条的形式进行具象或抽象的描绘。设计师用线条来表现自己设计的图像，是一种在有限的时间和空间内用快速、便捷的方式自我交流以及与他人进行交流。在手绘表现图的绘制过程中，良好的工具和材料对手绘表现起着非常重要的作用。不同的表现工具和材料，能够产生不同的表现效果。设计者应该根据所要表现设计对象的特点，结合平时所积累的手绘经验，选择适合自己的表现工具，熟练地掌握手绘工具和材料的特性以及表现技巧是取得高质量的室内设计手绘表现图的基础。

3.1.1 笔

1. 铅笔

　　铅笔具有容易修改的特点，常在绘制精细设计表现图的底稿时使用。它可给初学者带来信心。铅笔运笔角度多变，可演绎出各种生动活泼的线条变化，能感受到设计者的情感流露与变化。常选择2B、4B铅笔绘制，笔芯过硬则容易伤纸，太软则易使线条模糊。（图3.1）

图3.1

2. 针管笔

针管笔是绘制图纸的基本工具之一。它能绘制出均匀一致的线条。针管笔的针管管径的大小决定所绘线条的宽窄。针管笔有不同粗细，针管管径有从0.1 mm至2.0 mm的各种不同规格。在设计绘图时建议使用一次性针管笔，至少备有细、中、粗三种不同粗细的针管笔。（图3.2）

图3.2

3. 水性笔

水性笔是生活中常见的写字工具，因其相对便宜，携带方便，且线条流畅、自由、奔放，常被设计师用来作为表现工具。目前市场上有各种品牌、型号的笔，可根据需要选择。（图3.3）

图3.3

4. 钢笔

钢笔线条流畅，墨线清晰，明暗对比强烈，具有很强烈的表现效果，且因有很多种不同的墨水可以选择，故其表现力更为丰富。钢笔线条粗细变化非常丰富，且优美而富有张力，可快速表现明暗体块关系，写生时也常用到，是多功能用笔。（图3.4）

图3.4

5. 草图笔

草图笔的特点是运笔流畅、线条明确、黑白分明、粗细可控。可根据画图对象特征进行选择。（图3.5）

图3.5

6. 马克笔

马克笔又称麦克笔，是快速表现中最常见的表现工具。马克笔两端有粗笔头和细笔头，粗笔头又有方形笔头和圆形笔头之分。方形笔头平直整齐，笔触感强烈、有张力，易于掌控，适合比较整体的块面上色。圆形笔头笔触线条豪放，变化丰富。马克笔因其具有作图快速、表现力强、色泽稳定、使用方便等特点，越来越受到设计者的青睐。马克笔以笔触排列层层叠加的方法进行明暗过渡，概括生动，变化丰富。作画时一般先浅后深，可逐步调整作图步骤。马克笔颜色是固定的，因此对于一些没有的色彩，可通过两种或多种颜色层层叠加来生成所要的色彩。马克笔按添加剂可分为水溶性马克笔、酒精溶剂马克笔和甲苯溶剂马克笔。水溶性马克笔色彩鲜亮，笔触界限清晰，色彩相溶性较差，覆盖力很强；表现时不能反复上色，因为容易导致色彩浑浊、肮脏，纸张起毛破损；在现在的表现图中不常用，而用于写生效果较好。酒精溶剂马克笔，色彩美且相溶性好，干燥后不易变色，适用各类纸张，且价格便宜，添加酒精后可反复使用，比较普及。初学者可选用国产Touch品牌，但墨水不是很充足。有一定条件的同学可以选择my color、三福、AD等品牌的马克笔。目前也有很多专业手绘机构研发了多种品牌的马克笔（如卓越设计教育研发的"堂绘·设计家"等）。（图3.6）

图3.6

7. 彩色铅笔

彩色铅笔也分为两种，一种是水溶性彩色铅笔（可溶于水），另一种是不溶性彩色铅笔（不溶于水）。水溶性彩色铅笔又叫水彩色铅笔，它的笔芯能溶解于水。当碰上水后，色彩便晕染开来，可实现水彩般透明的效果。水溶性彩色铅笔有两种功能，在没有蘸水前和不溶性彩色铅笔效果一样，在蘸上水之后就会变成水彩一样，颜色非常鲜艳亮丽，十分漂亮，而且色彩很柔和。室内设计手绘表现采用水溶性彩色铅笔，与马克笔相结合上色，可扬长避短。不溶性彩色铅笔可分为干性和油性，一般市场上的大部分都是不溶性彩色铅笔，价格便宜，是绘画入门的最佳选择。其画出的效果较淡，且简单、清晰，大多可用橡皮擦去。它还可通过颜色的叠加来呈现不同的画面效果，是一种较具表现力的绘画工具。（图3.7）

图3.7

8. 修正液和高光（提白）笔

修正液用于大面积提白，提白笔则做细节精细处理。它们都可用于高光的点缀，可以使图面有亮点，起到画龙点睛的作用。提白的位置一般在受光的地方、最亮的地方，如平滑材质、灯光、水体、交界线亮部结构处，还有就是画面不透气的地方可以点一点。切记高光提白不是万能的，不要用太多，否则画面会看起来很脏、花、乱。注意：提白要在上彩铅之前，修正液则没有先后之分。用修正液的时候，要尽量画得饱满，但修正液涂过的地方马克笔不可再覆盖。（图3.8）

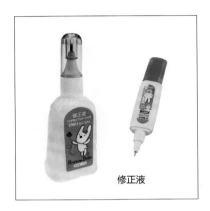
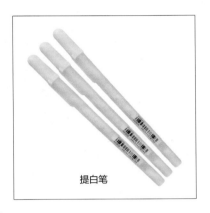

修正液　　　　　　　　　　　　　　　　提白笔

图3.8

9. 其他

其他的如水彩、色粉笔等材料，在本书中没有用到，故不做介绍。

3.1.2 绘图纸

绘图纸的选择对手绘效果图的表现有着直接的影响，不同类别的纸张表现出来的色彩、感觉、效果有所区别。常用的手绘纸张类型有普通复印纸、速写本、马克笔专用纸（本）、草图纸、硫酸纸等。普通复印纸因其价格低廉、色彩渗透性好而运用普遍。（图3.9）

图3.9

3.1.3　常用尺规

常用的比例尺种类有平行尺、比例尺（三棱尺）、蛇形尺、绘图模板等。比例尺是设计师工作时的常用工具，它能帮助设计师准确地推敲设计平面图、立面图的比例关系，同时也是手绘表现图的重要辅助工具。（图3.10）

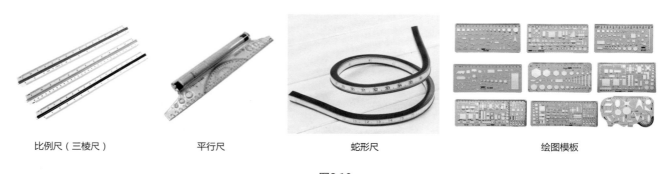

| 比例尺（三棱尺） | 平行尺 | 蛇形尺 | 绘图模板 |

图3.10

3.2　基本技法

3.2.1　拿笔姿势

手绘设计表现中，握笔姿势很重要，好的姿势能决定画面的线条效果。保持一个良好的坐姿和握笔习惯，对提高手绘的效率很有帮助。一般来说，人的视线应该尽量与台面保持一个垂直的状态，这个不是绝对直角，尽量做到就可以。握笔可根据自己的习惯和笔势运笔，以"稳、顺、准"为行笔原则，画线要靠手臂的运动来完成。画横线的时候运用手肘来移动，画竖线的时候运用肩部来移动，短的竖线也可以用手指来移动。握笔与行笔因人而异，以能传递自己的画风和表现效果为目的。（图3.11）

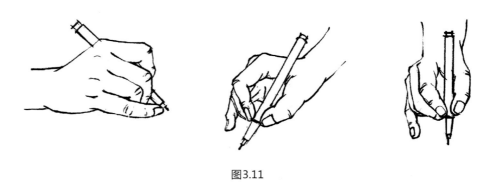

图3.11

3.2.2　线条练习

线是手绘设计表现的基本构成元素，也是造型元素中重要的组成部分。它用于界定所要表现对象及空间的轮廓，是表现图的结构骨架。不同的线条代表着不同的情感色彩，画面的氛围控制与不同线条的表现有着紧密的关系。

在表达过程中，线条具有轻重、疏密和表面质感等表现特点；在表达空间时，线条能够提示界限与尺度；在表现光影时，线条能反映亮度与发散方式。绘制好线条，是初学者快速提高手绘设计表现水平的第一步。快速提升手绘设计水平，需要系统地练习并掌握线条的特性。线条是有生命力的，要想画出线的美感，需要做大量的练习，包括快线、慢线、直线、折线、曲线、圆、短线、长线、连续线等。也可以直接在空间设计中练习，通过画面的空间关系控制线条的疏密、节奏。体会不同的线条对空间氛围的影响，不同的线条组合、方向变化、运笔急缓、力度把握等都会产生不同的画面效果。

线条个性：线条的刚柔曲直能够表达物体的软硬动静；线条的虚实疏密能够表达物体的远近层次。直线显得快速、均匀、硬朗，适用于坚硬材质的表现。曲线显得缓慢、轻松、随意，适用于植物、布艺、花艺等的表现。

线条用笔的方法：

（1）线条要肯定和连贯，切忌犹豫和停顿。

（2）绘制形体时务必一气呵成，切忌毛毛糙糙地来回表达同一条线。如一笔没有画到位可重复一笔，但线条要干净利落，切勿在原线条上反复涂改，把线条画"死"。

（3）出现断线，切忌在原基础上重复起步，要间隔一段距离后继续画线。

（4）画图的时候注意交叉点的画法，线与线之间的连接点要交叉并且延长，大胆出头，避免"两边不靠"。

（5）在表现物体暗部或阴影时，切忌乱排线条，要根据透视规律进行平行或垂直表达。

（6）画不同质感的物体时要先了解其特性（如是坚硬的还是柔软的），以便选择用何种线条去表达。可选用硬朗、干练的直线表达坚硬的物体，选择轻松、随意的曲线表达柔软的物体。（图3.12a、图3.12b、图3.12c、图3.12d）

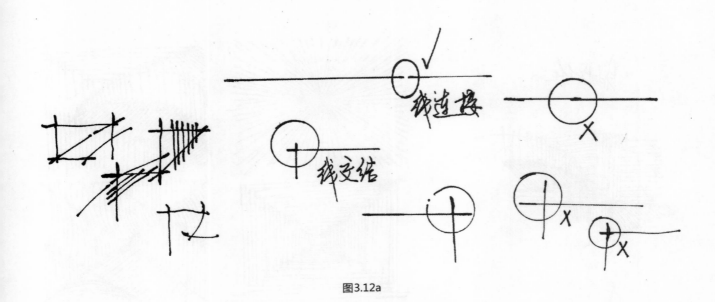

图3.12a

暗部、阴影表现

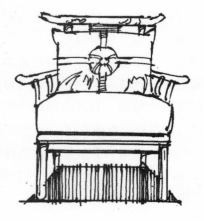

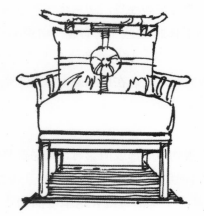

图3.12b

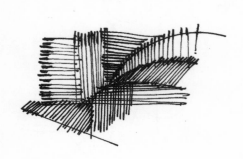

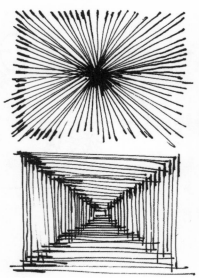

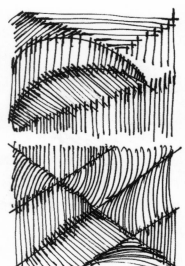

图3.12c

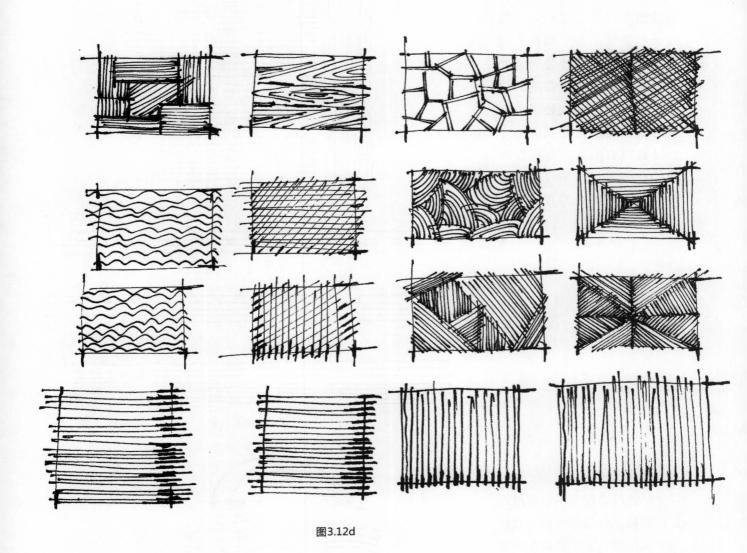

图3.12d

1. 直线

　　直线是应用最多的线，也是最主要的手绘表达方式。直线分快线和慢线两种。慢线比较容易掌握，但是缺少技术含量。如果构图、透视、比例等关系处理得当，慢线也是可以画出很好的效果的。快线所表现的画面比慢线更具视觉冲击力，画出来的图更加清晰、硬朗、灵动，富有生命力，但是较难把握，需要大量的练习和不懈的努力才能练好。画快线的时候，要有起笔和收笔。起笔的时候，把力量积聚起来，同时可以在运笔的时候来设计线条的角度、长度。当把线画出去的时候，就应如离弦之箭，果断、有力地击中目标，最后的收笔就相当于这个目标。当然，后期也可以把线"用"出去，这属于比较高级的技法。起笔、收笔可大可小，根据每个人的习惯而定，并不是绝对的。

因为运笔方式的不同，竖线通常比横线难画。一般很长的竖线，为了确保不画歪，我们可以选择分段式处理。竖线可以参照图纸的边缘绘制，以使竖线处于垂直状态。但是注意分段的地方一定要留有空隙，不可以将线接在一起。画竖线也可以适当采取画慢线的方法或者抖动来画。（图3.13）

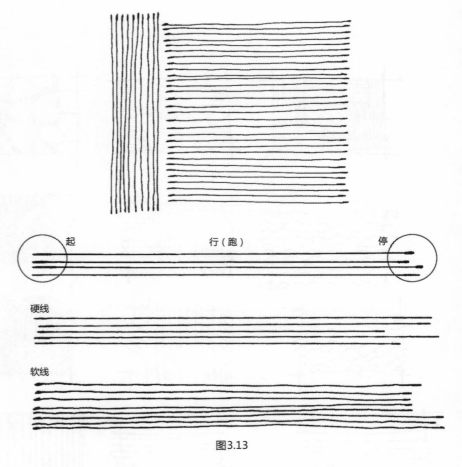

图3.13

2. 曲线

画曲线要根据图面情况而定。初稿、终稿都可以用快线的方式来画。如果要绘制很细致的图，为了避免画歪、画斜而影响画面整体效果，我们可以用画慢线的方式来画。（图3.14）

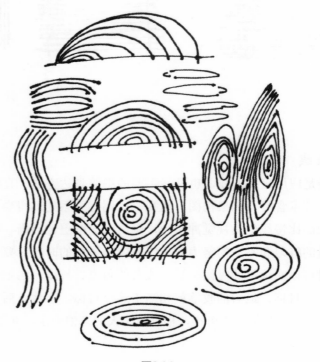

图3.14

3. 自由线

自由线也叫随意线，是一种松散、自由的，可朝任何方向运动的，线条具有大小凹凸变化的线。有句口诀"大小凹凸方圆尖"就是指这种线条。在塑造植物、绘制纹理的时候，我们会用到一些自由线的处理方式。（图3.15）

图3.15

3.2.3　线条练习范例

平时可多加练习有关透视的线条，这对于提高初学者手绘透视线条有很大的帮助。这是学好手绘表现的必经之路。（图3.16、图3.17）

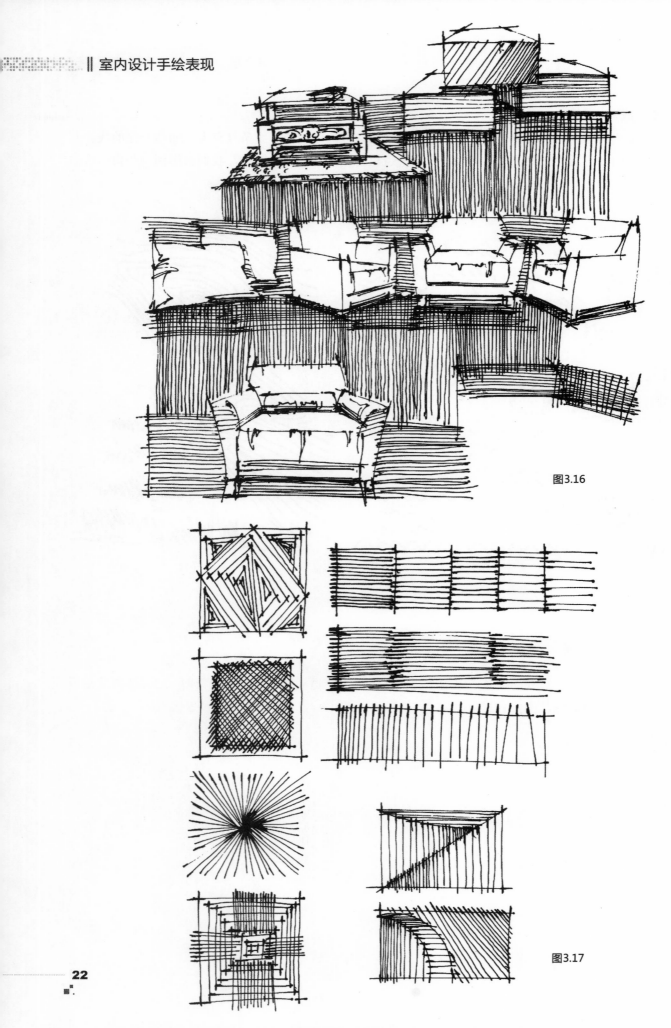

图3.16

图3.17

3.2.4　空间线条表现

　　线条表现方式多种多样。练习空间线条不仅可以提高趣味性，还可以提升对空间的理解。应掌握好光影关系，把握线条在空间中的应用。（图3.18a、图3.18b）

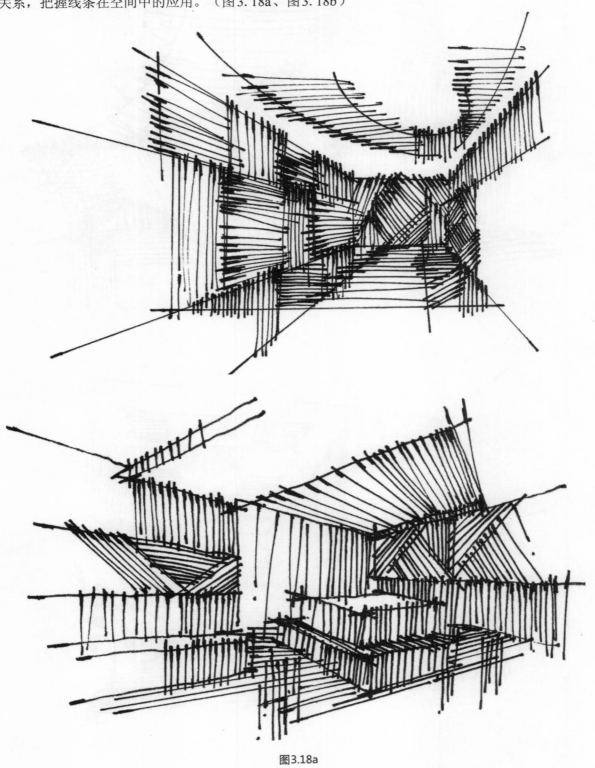

图3.18a

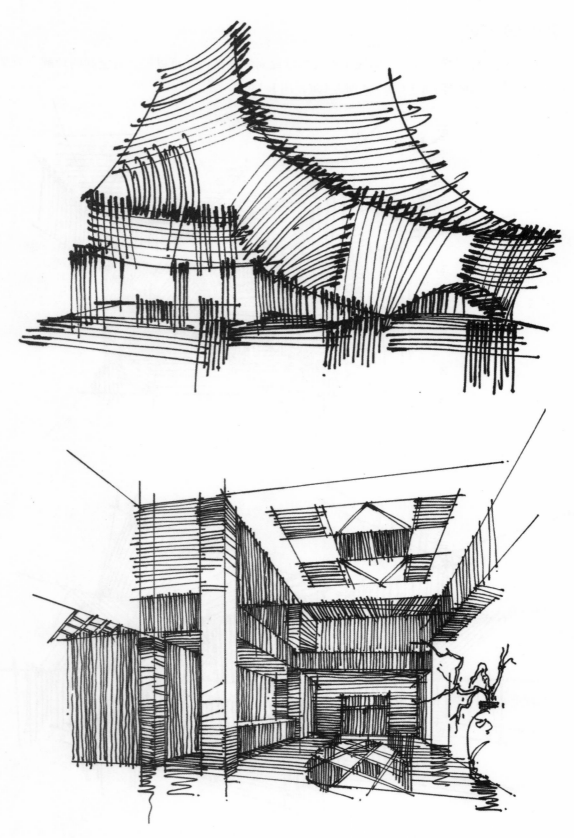

图3.18b

3.3　透视原理与室内陈设表现

3.3.1　透视原理

1. 透视的特性

（1）近大远小：近大远小是视觉自然现象，正确利用这种特性有利于表现物体的纵深感和体积感，从而在二维的画面上来表现出三维的立体空间。

（2）近实远虚：由于视觉的原因，近处的物体给人的感觉会更清晰，而远处的物体给人的感觉会有些模糊，这一现象在绘画中也经常被用来表现物体的纵深感。事实上，在绘画过程中，往往会更加强调近实远虚。

2. 透视的三要素

物体、画面、眼睛是构成透视图形的三要素。眼睛是透视的主体，是对物体观察并构成透视的主观条件；物体是透视的客体，是构成透视图形的客观依据；画面是透视的媒介，是构成透视图形的载体。（图3.19a、图3.19b）

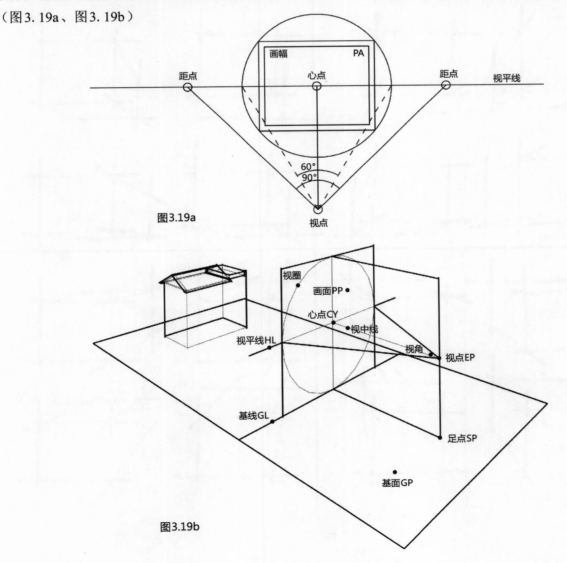

图3.19a

图3.19b

3. 常用的透视类型

（1）一点透视

一点透视通常只存在着一个消失点。在这种情况下，物体的一个面与画面平行，消失点正好处在视点上，也就是说，处在对象的视觉中心上，处在水平线上。（图3.20）

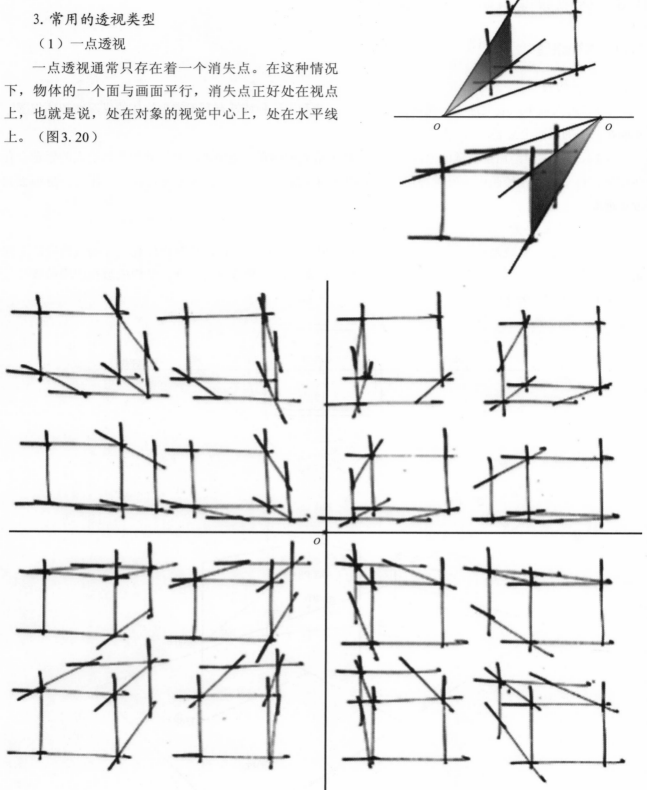

图3.20

（2）两点透视

两点透视通常存在着两个消失点。在这种情况下，物体只有一条边是与画面平行的，其余每条边都与画面形成角度，物体的两个侧面的线条向左右两个消失点集中。（图3.21）

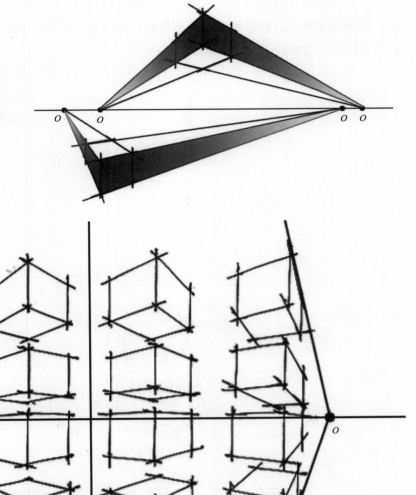

图3.21

3.3.2　室内陈设表现

室内陈设表现是营造空间氛围的重要手段，同时也是手绘表现中的一个重要环节，因此必须重视并加强这方面的训练。这种训练对于美术基础较为薄弱的学生十分实用。室内陈设表现训练可以分阶段来进行。在初级阶段以单体陈设训练为主，在中期阶段可多做一些组合陈设训练，由简入繁地认识和表现单体，在造型特征、尺度把握、材质肌理等方面能进行较为准确的绘制，可为将来进行完整的空间手绘表现打下坚实的基础。在室内陈设设计中，按照陈设品的性质，可以将其分为实用性陈设品和装饰性陈设品两大类。

　　室内陈设物表现的练习可从分析陈设物品开始。可将整体分解为简单的几何图形，掌握其各种角度、各种形态样式，勤学勤练，从而做到透视准确、线条流畅简练，最终达到完美地表现物体的形象特征的目的。（图3.22a、图3.22b）

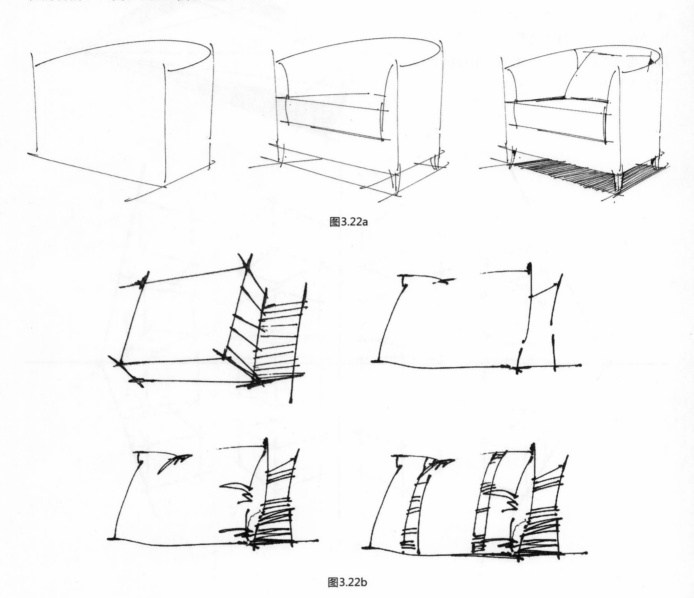

图3.22a

图3.22b

1. 实用性陈设品

　　实用性陈设品有各类家具、家电、器皿、织物等。它们以实用功能为主，同时其外观设计也具有良好的装饰效果。实用性陈设品涉及范围很广，我们一般把具有使用功能的陈设品都归为实用性陈设品。其大致可分为以下几类。

　　（1）家具：家具主要表达空间的属性、尺度和风格，是室内陈设品中最重要的组成部分。（图3.23）

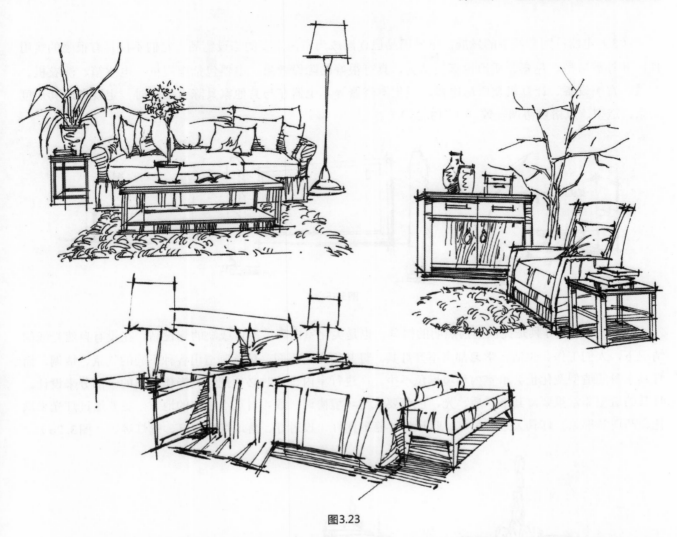

图3.23

（2）织物：织物是室内陈设设计的重要组成部分。随着社会经济的发展，人们的生活水平和审美品位的提高，织物陈设品的运用越来越广泛。织物陈设品以其独特的质感、色彩及设计赋予了室内空间自然、亲切之感，越来越受到人们的喜爱。它包括地毯、壁毯、墙布、顶棚织物、帷幔窗帘、坐垫、靠垫、床上用品、餐厨织物等。织物陈设品既有实用性，又有很强的装饰性。（图3.24）

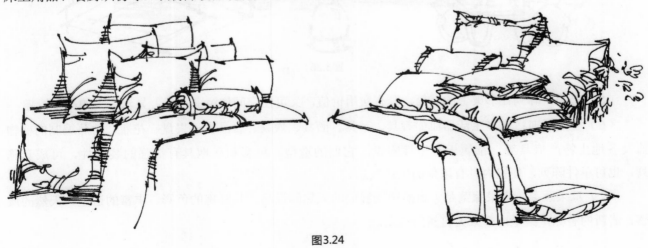

图3.24

（3）电器：随着经济的发展，电器用品已逐渐成为室内重要的陈设物品。它们不仅具有很强的实用性，其外观造型、色彩、质地也都很精美，具有很好的陈设效果。电器包括电视机、电冰箱、洗衣机、空调、音响设备、计算机及厨房电器、卫生淋浴器等。电器在与其他家具陈设结合时一定要考虑其尺度关系，造型、风格要协调一致。（图3.25）

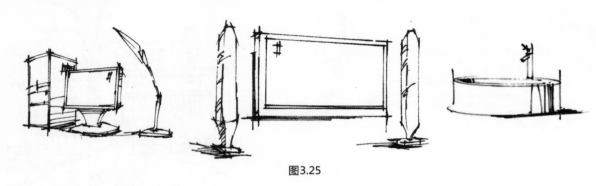

图3.25

（4）灯具：灯具是提供室内照明的器具，也是美化室内环境不可或缺的陈设品。在没有自然光线的情况下，人们工作、生活、学习都离不开灯具。灯具用光的不同，可以制造出各种不同的气氛、情调，而灯具本身的造型变化也会给室内环境增色不少。在进行室内设计时必须把灯具当作整体的一部分来设计。灯具的造型非常重要，其形、质、光、色都要求与环境协调一致。对重点装饰的地方，更要通过灯光来烘托、凸现其形象。灯具大致有吊灯、吸顶灯、隐形槽灯、投射灯、落地灯、台灯、壁灯等。（图3.26）

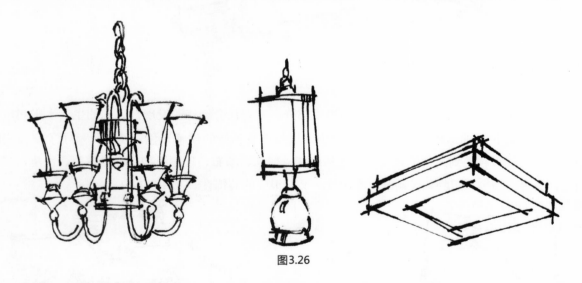

图3.26

（5）书籍：陈列在书架上的书籍，既有实用价值，又可使空间增添书香气，显示主人的高雅情趣。

（6）生活器皿：许多生活器皿如餐具、茶具、酒具、炊具、食品盒、果盘、花瓶、竹藤编制的盛物篮及各地土特产盛具等，都属于实用性陈设。它们的造型、色彩和质地具有很强的装饰性，可成套陈列，也可单件陈列，使室内具有浓郁的生活气息。

（7）瓜果蔬菜：瓜果蔬菜是大自然赠予我们的天然陈设品，其鲜艳的色彩、丰富的造型、天然的质感、清新的香味，给室内带来大自然的气息。

（8）文体用品：文体用品也常用作陈设品。文体用品能使空间透出高雅脱俗的感觉，也可使空间环境显得生机勃勃。

2. 装饰性陈设品

装饰性陈设品有绘画、雕塑等艺术品，部分高档手工工艺品等。它们不具备使用功能，仅作为观赏用。作为装饰性陈设品，它们或具有审美、装饰的作用，或具有文化、历史的意义。（图3.27）

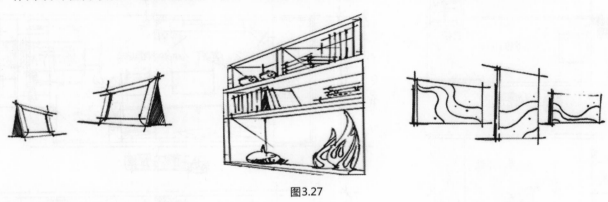

图3.27

3.4　平面图、立面图与材质

3.4.1　平面图、立面图

在进行平、立面图的绘制时，应充分考虑满足人的使用要求及对人的行为限制。线条、尺寸、比例、大小这几点很重要。家具的比例、尺寸的大小一定要掌握适宜。手绘表现时应把握三点：一是绘制线条要沉稳肯定，把握好物体之间的比例关系；二是把握好尺度，各个空间的大小划分应尽量合理，装饰物的体量要合适，家具的大小要根据空间的大小来选定；三是单体家具的大框架确定后，可根据自身家居设计的风格进行装饰，添加各个风格元素。（图3.28a、图3.28b、图3.28c）

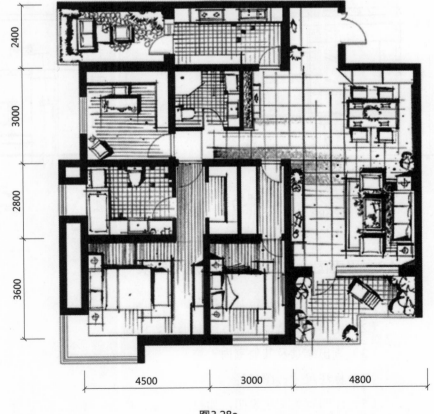

图3.28a

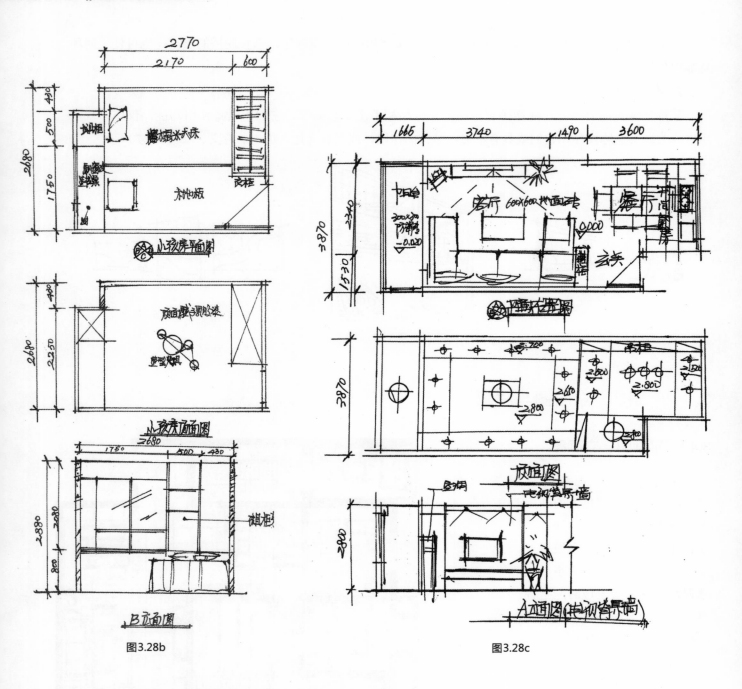

图3.28b

图3.28c

3.4.2 平面图、立面图表达方法及要求

（1）选定图幅，确定基本比例。

（2）定出门窗造型位置，绘制墙体、门窗。

（3）画出家具及其他室内设施。

（4）标注尺寸、图名等。

（5）注明有关文字说明，如材料名称、规格、颜色、工艺等。

3.4.3 常见的材质表现

在设计表达过程中，不同的空间设计需用不同的材质表现。可运用线条的不同表达形式以及线条的疏密、转折来表达不同的材质。空间设计常用的材质有石材、木材、织物、玻璃、墙纸、漆艺等。（图3.29）

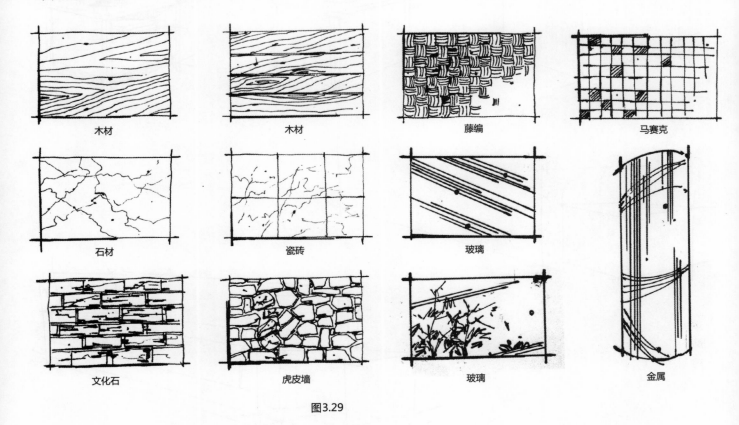

<table>
<tr><td>木材</td><td>木材</td><td>藤编</td><td>马赛克</td></tr>
<tr><td>石材</td><td>瓷砖</td><td>玻璃</td><td></td></tr>
<tr><td>文化石</td><td>虎皮墙</td><td>玻璃</td><td>金属</td></tr>
</table>

图3.29

3.5 室内陈设线稿表现

3.5.1 家具表现范例

1. 整体绘画基本步骤（图3.30）
（1）选择透视类型，按比例勾勒出家具的主要外部轮廓。
（2）按透视刻画内部轮廓。
（3）完善细部结构及光影。

2. 局部绘画基本步骤（图3.31）
（1）选择透视类型，按比例勾勒出主体家具轮廓。
（2）按主体家具的透视类型，完成其他家具轮廓的勾勒。
（3）完善细部结构及光影。

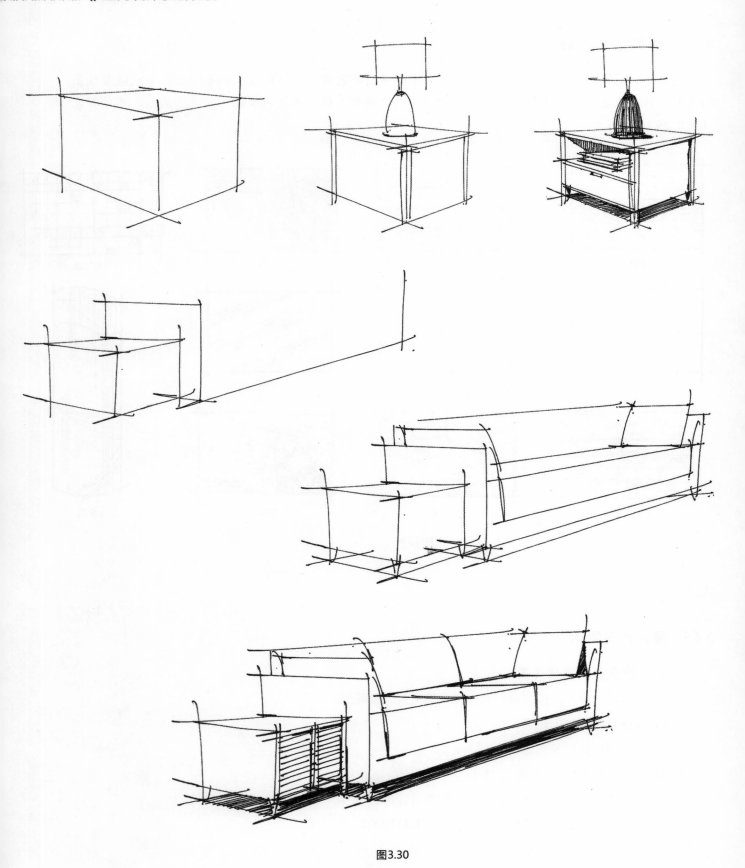

图3.30

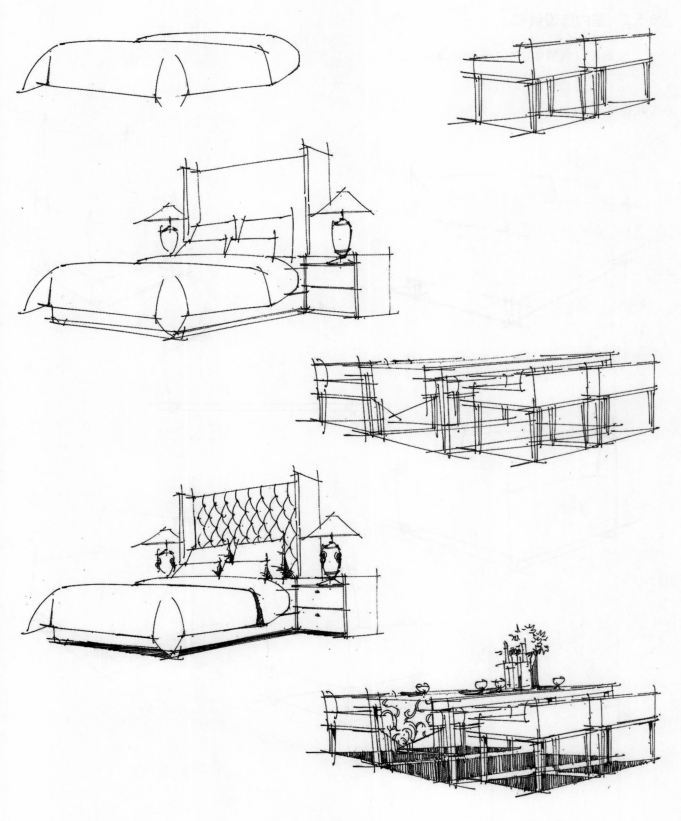

图3.31

3.5.2　室内陈设线稿

室内陈设线稿如图3.32～图3.46所示。

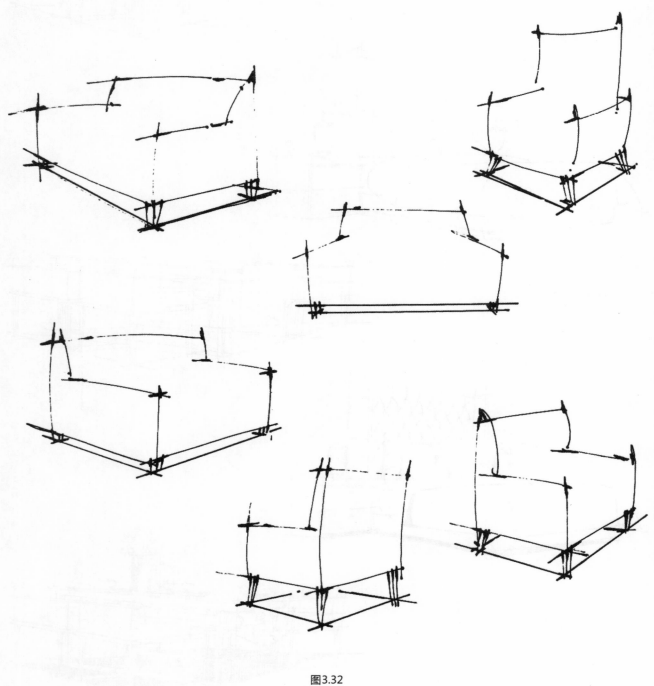

图3.32

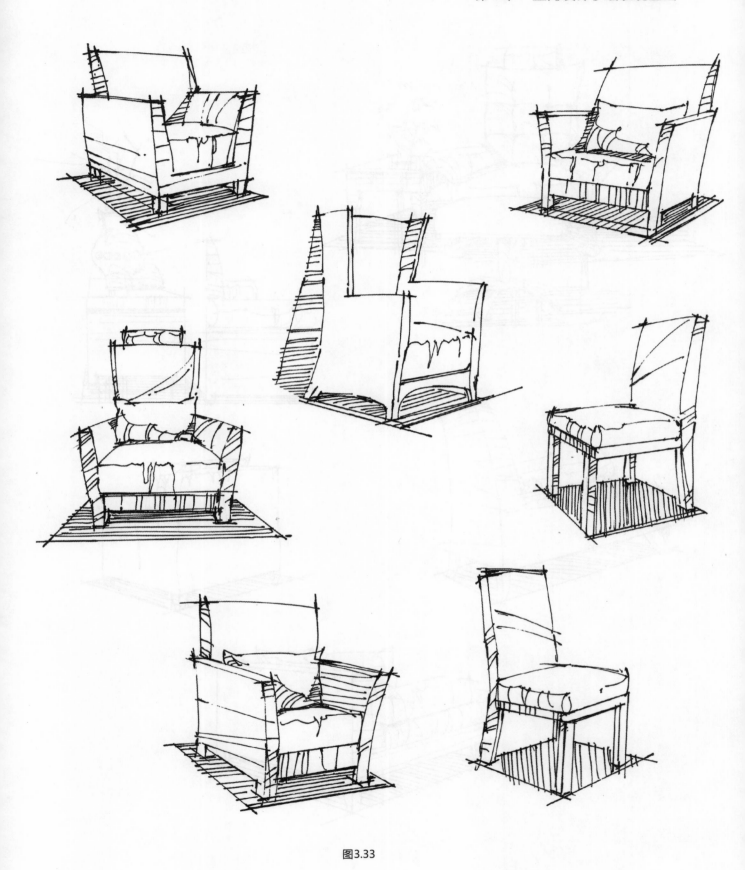

图3.33

图3.34

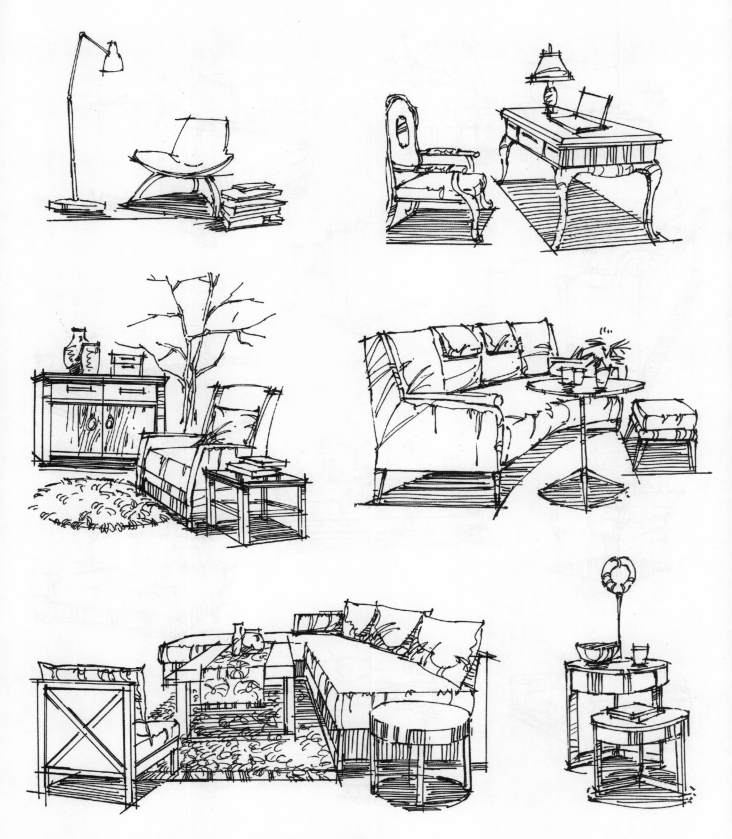

图3.35

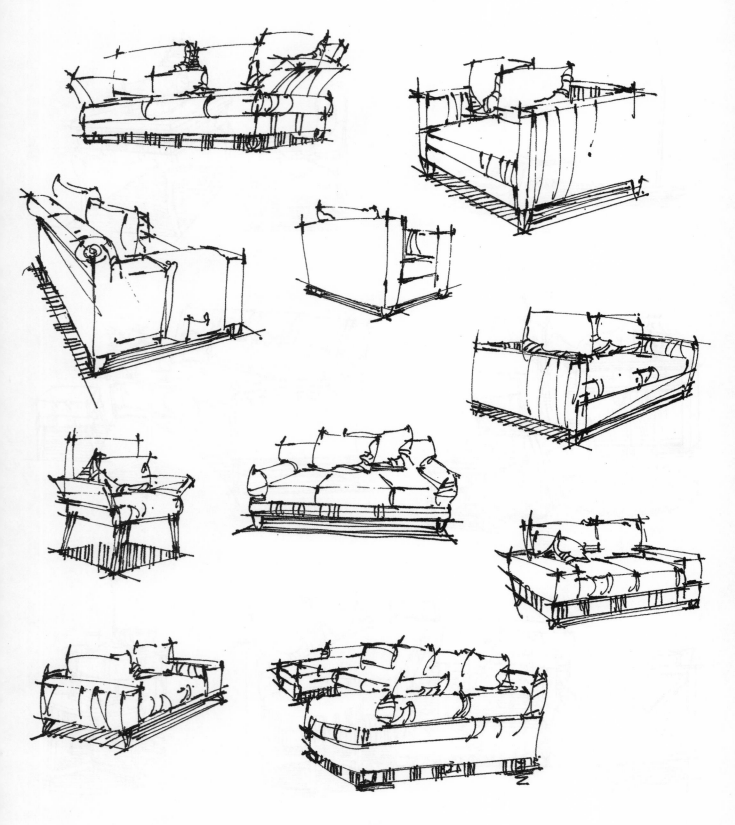

图3.36

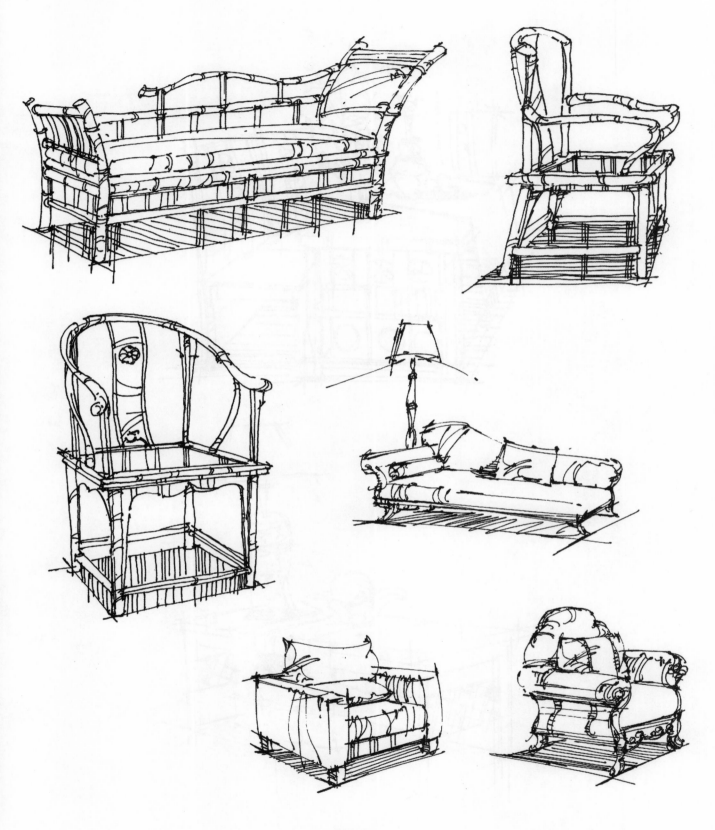

图3.37

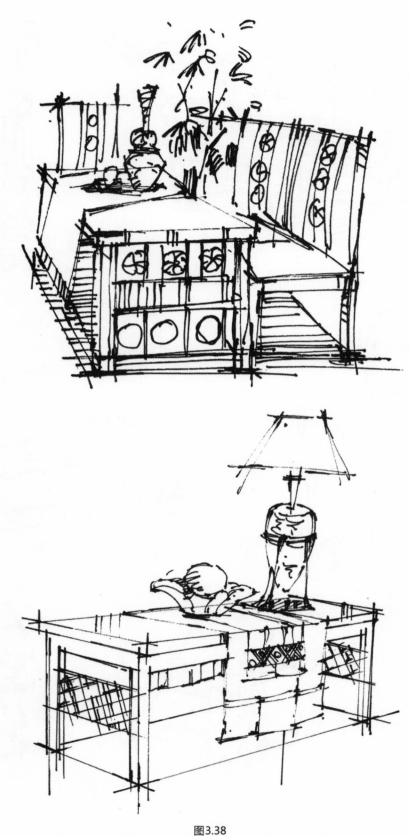

图3.38

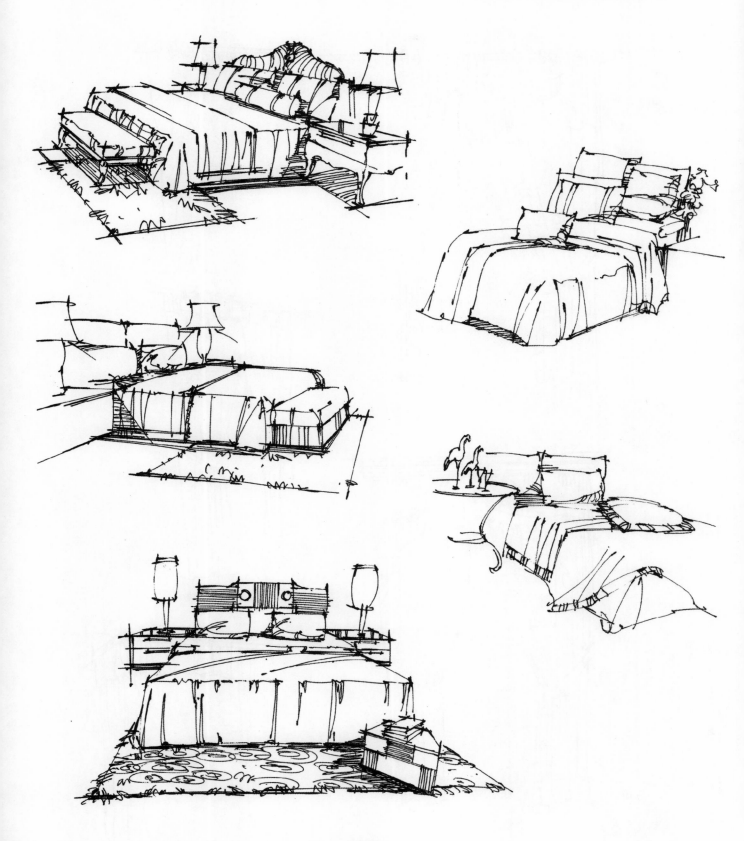

图3.39

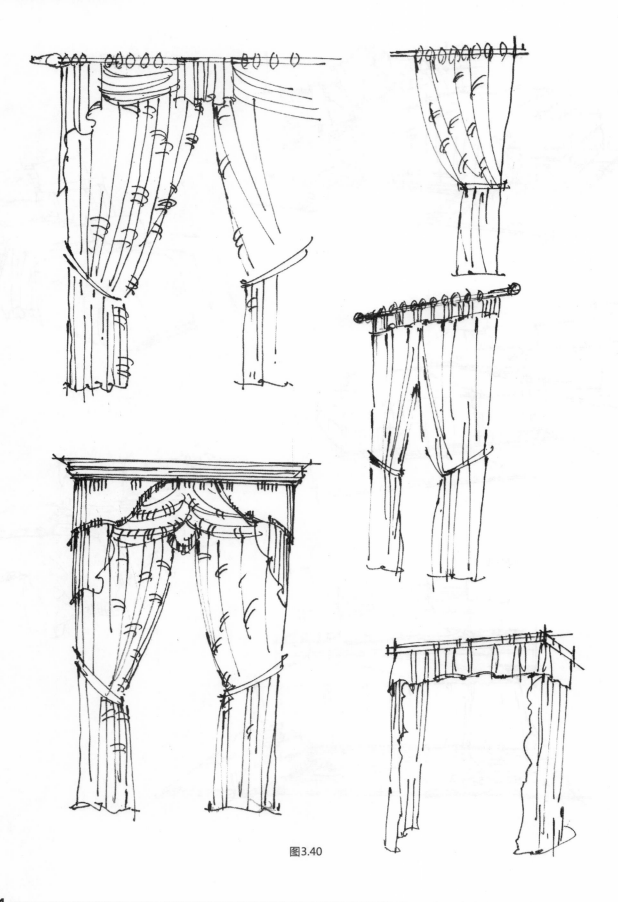

图3.40

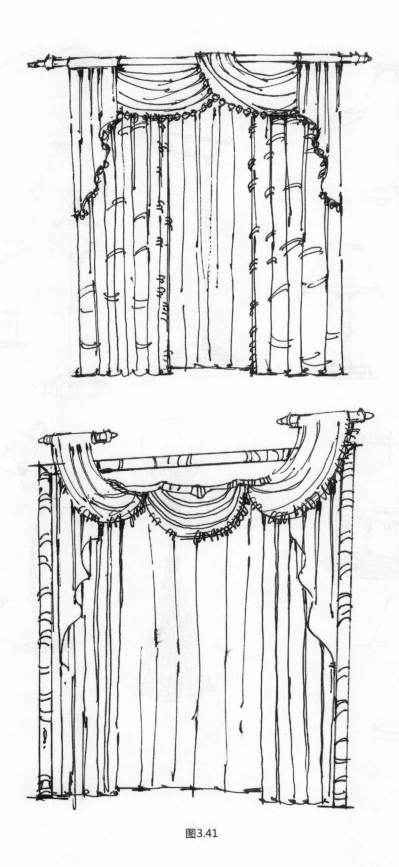

图3.41

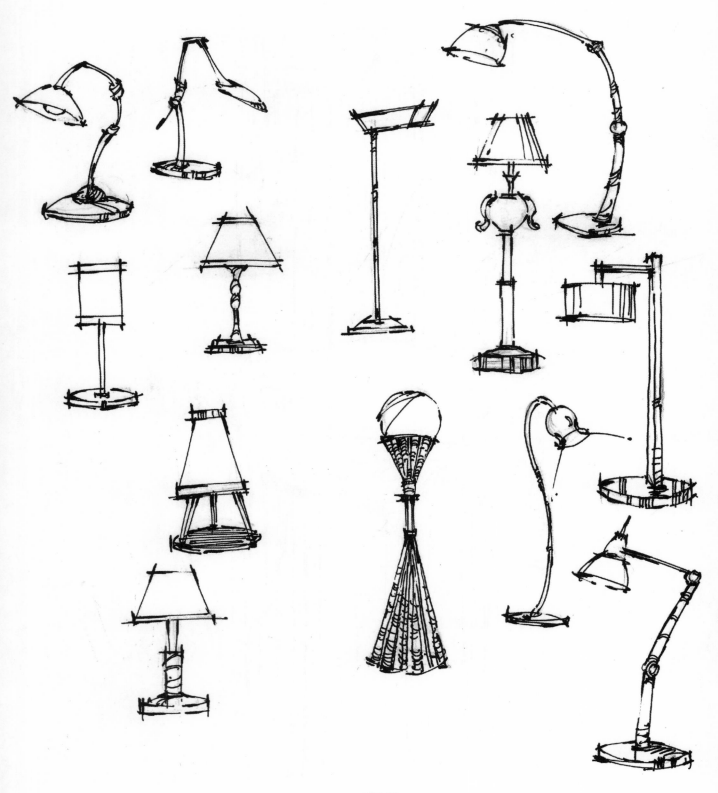

图3.42

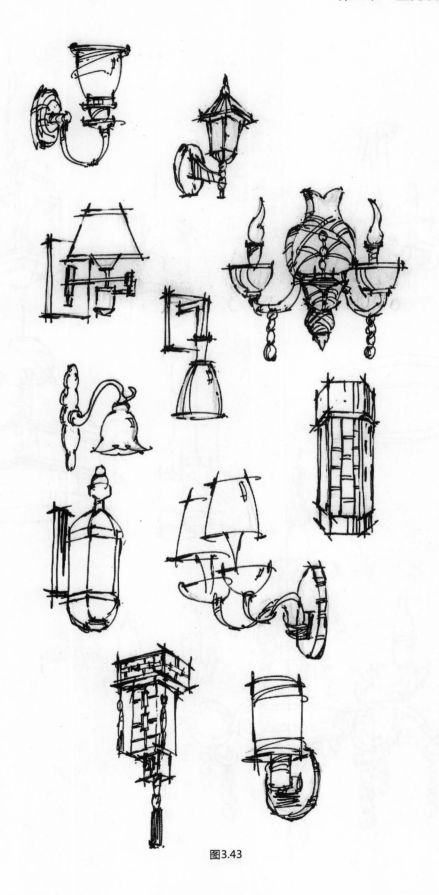

图3.43

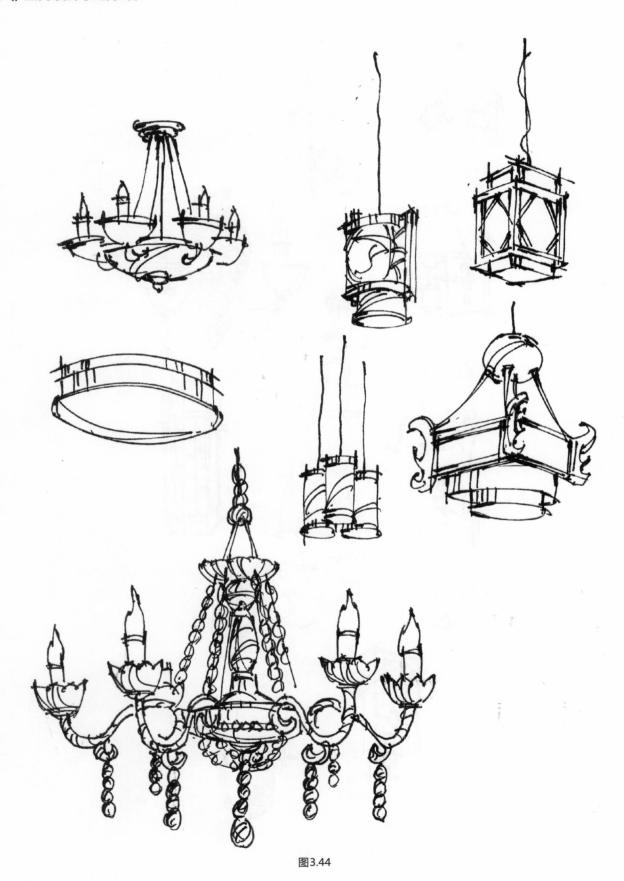

图3.44

图3.45

图3.46

第4章 手绘空间透视技法及线稿表现

4.1 室内表现构图常识与形式

手绘空间图的视点和视平线的选择定位是决定一幅手绘图好坏的重要因素，根据画面设计的重点选择合适的构图至关重要。一般来说，设计表现的重点就是观者能看到最多、设计最精彩的部分。视点与视平线对构图也会产生一定的影响。

在手绘表达中，视点的选择原则如下：

（1）低视点视图所采用的视平线高度一般低于人眼高度，即画面的约三分之一高度。这种取景方式适合表现局部细致的场景。

（2）中高视点视图的取景方式不仅可以表现局部设计，同时不被视角所限，能表现大环境和大场景。

（3）灭点一般定在画面偏左或偏右的地方。一般情况下，灭点不宜定在正中间。

（4）要根据设计的重点来决定画面的构图形式及视点的选择。正常情况下，视点的高度确定为0.8 m至1.2 m，但是要根据实际情况灵活使用。（图4.1）

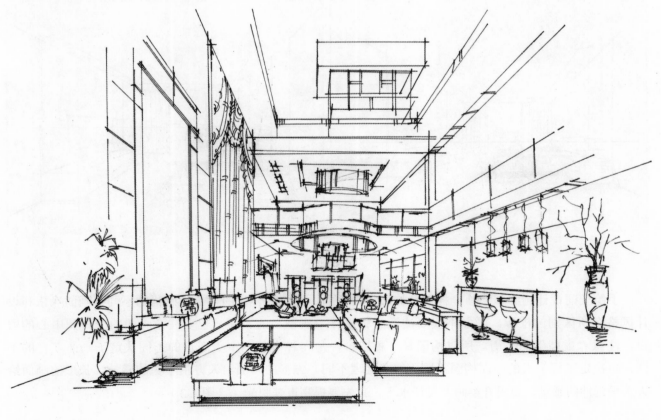

图4.1

几种常见的错误构图形式：

（1）视点偏左或偏右，构图重心不稳。

（2）视点偏高：超出了人的正常视觉范围，让人产生一种俯视感，不利于进行快速表达。

（3）视点偏低：画面拥挤，画面重心下降，很多重要的内容无法表现出来。

（4）画面过于饱满：缺少空间的进深，画面拥挤。（图4.2）

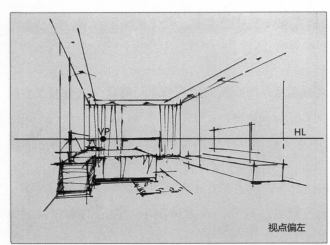

视点偏左

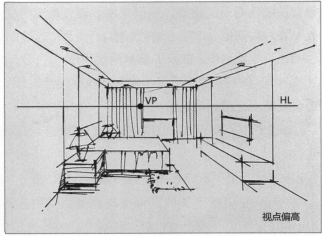

视点偏高

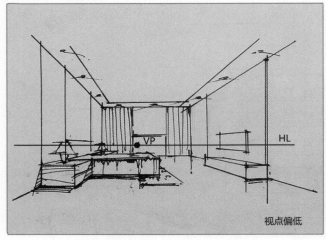

视点偏低

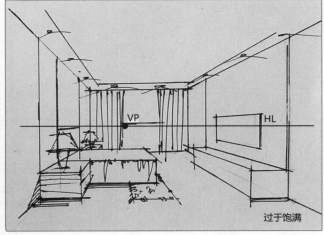

过于饱满

图4.2

　　手绘空间设计构图和绘画一样都是构架。对画面、空间、体量的体会和感悟的不同是画面风格和设计风格有所区别的根源。画面不仅要注意具体形体"实型"的平衡，也要注意画面的空白和中心的留白，注意"虚型"的平衡。所以构图是一种取舍，是一种审美。审美观点的不同决定了画面取舍的不同，也决定了每个人的画面构图不同、细节处理不同。方形的画面给人方正平稳的感觉，长形的画面给人水平延伸的感觉。要提升绘画及设计水平，首先要提高审美眼光。（图4.3）

图4.3

4.2 室内表现空间透视

4.2.1 一点透视

一点透视的优点为构图稳定、庄重,空间效果较开敞;缺点是画面相对呆板。(图4.4、图4.5)

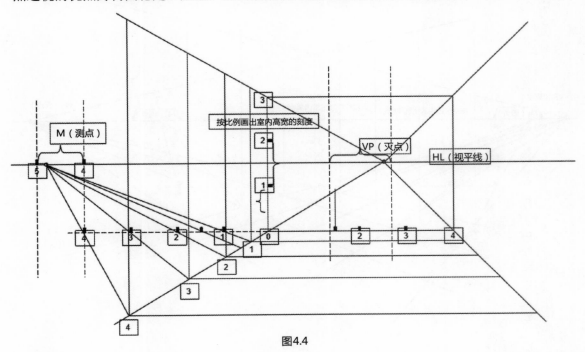

图4.4

图4.5

4.2.2 两点透视

　　两点透视的优点是构图生动、活泼，立体感较强；缺点是视角选取不好容易造成变形，不易控制。（图4.6、图4.7）

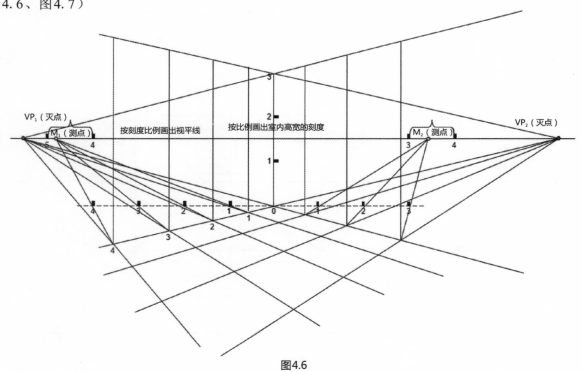

图4.6

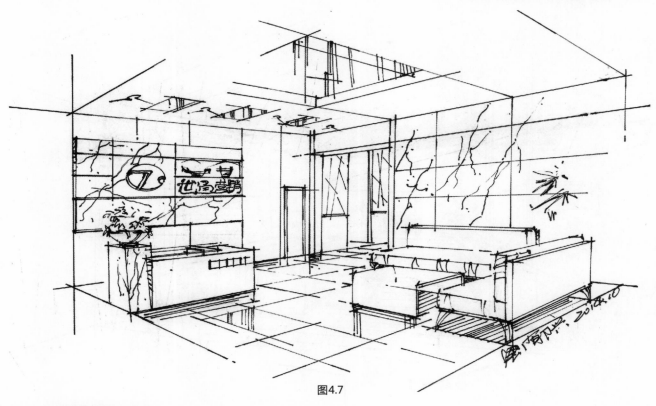

图4.7

4.2.3 微角透视

　　微角透视又叫一点斜透视。当一个人正对着一个室内墙面所看到的是一点透视，如果在靠近墙角线的位置所看到的则是两点透视。如果一个人对着内墙角，但是又不正对，而是斜对，此时他所看到的透视则介于一点透视和两点透视之间，即微角透视。微角透视兼具一点透视和两点透视的优点，画面既宽阔、舒展，又有一定的立体感。（图4.8、图4.9）

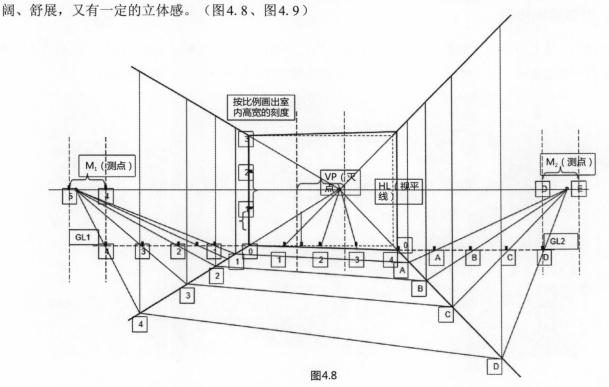

图4.8

图4.9

4.3 室内空间表现的绘制步骤

4.3.1 整体绘制步骤

步骤一：在设计构思成熟后，确定表现思路（如表现角度、透视关系、空间形态等），明确表现重点，先将平面方案中主要形体的位置透视化（一般用铅笔或浅色彩铅起稿）。（图4.10）

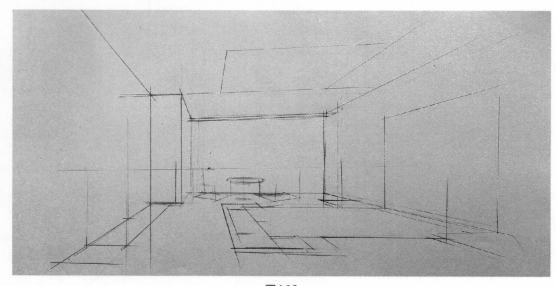

图4.10

步骤二：从整体透视关系着手，以直线为主绘制出空间及家具陈设等形体，注意表现物体比例的准确性。（图4.11）

步骤三：用水性笔或钢笔等对各形体进行绘制。（图4.12）

图4.11

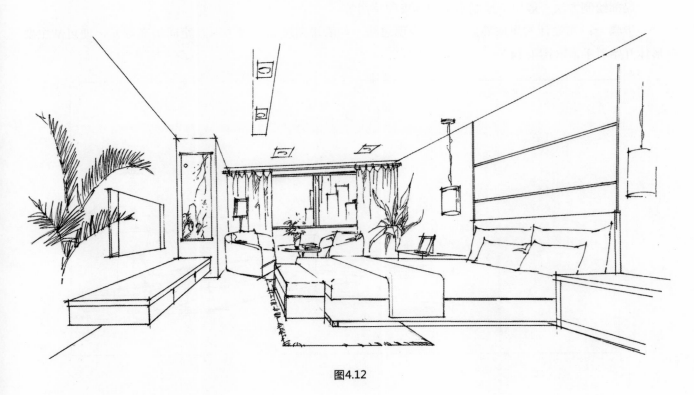

图4.12

步骤四：运用不同类别的线条塑造空间及家具陈设等形体（包括材质光影等），突出视觉中心、表现重点。（图4.13）

图4.13

4.3.2 局部绘制步骤

局部绘制方法一般用于绘制小空间、表现草图等。

步骤一：在设计构思成熟后，确定表现思路（如表现角度、透视关系、空间形态等），便可从主要形体开始着手。（图4.14）

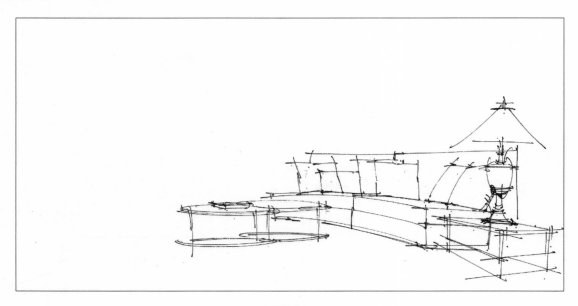

图4.14

步骤二：绘制完成主要形体后，再绘制其四周的形体。其四周形体的透视关系、比例尺度都以主要形体为参考。（图4.15）

步骤三：完善构图，强化结构及画面的主次、虚实关系。（图4.16）

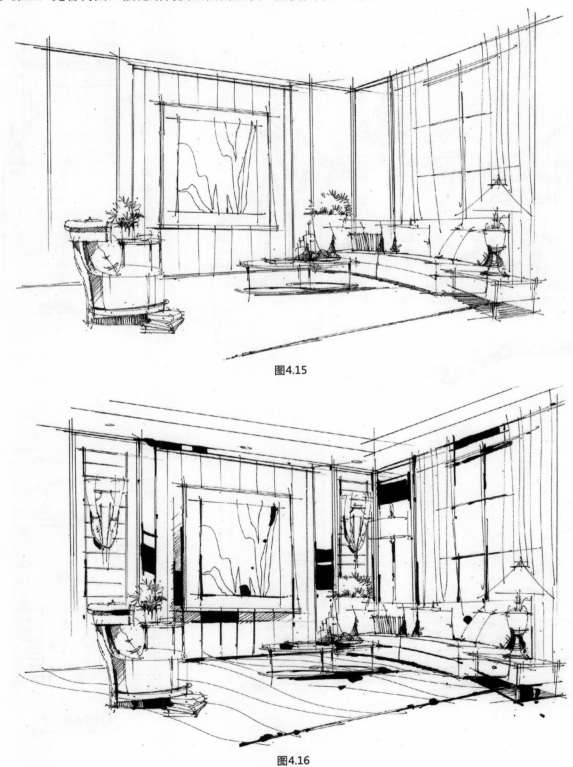

图4.15

图4.16

4.4 空间线稿表现

空间线稿表现如图4.17～图4.50所示。

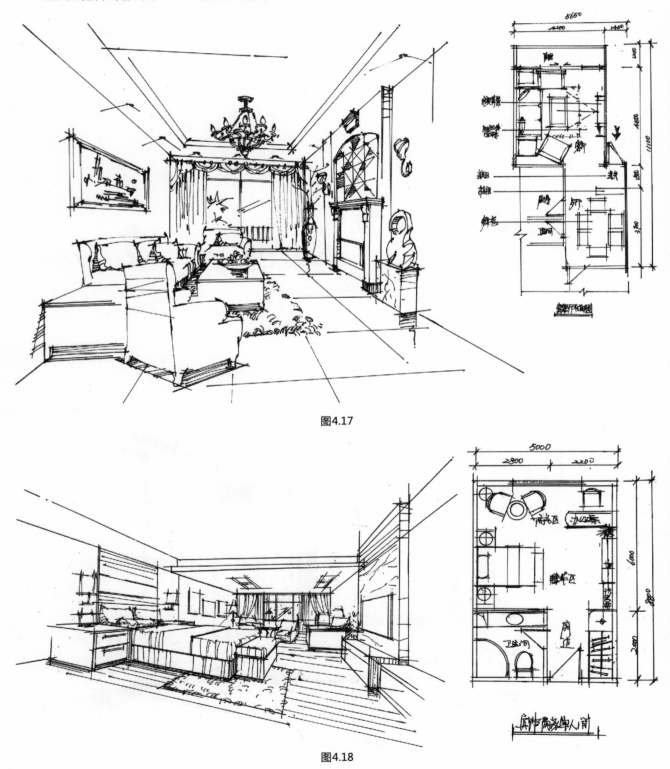

图4.17

图4.18

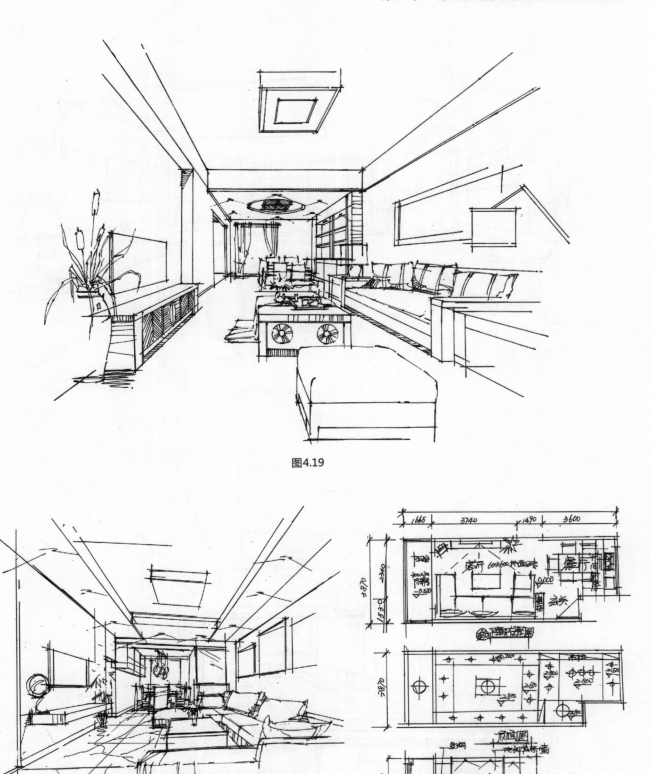

图4.19

图4.20

图4.21

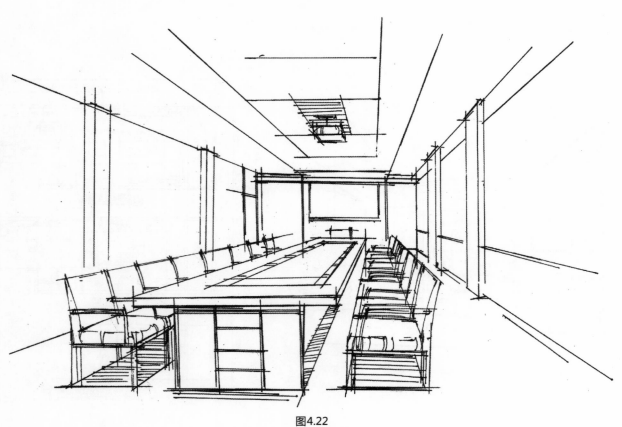

图4.22

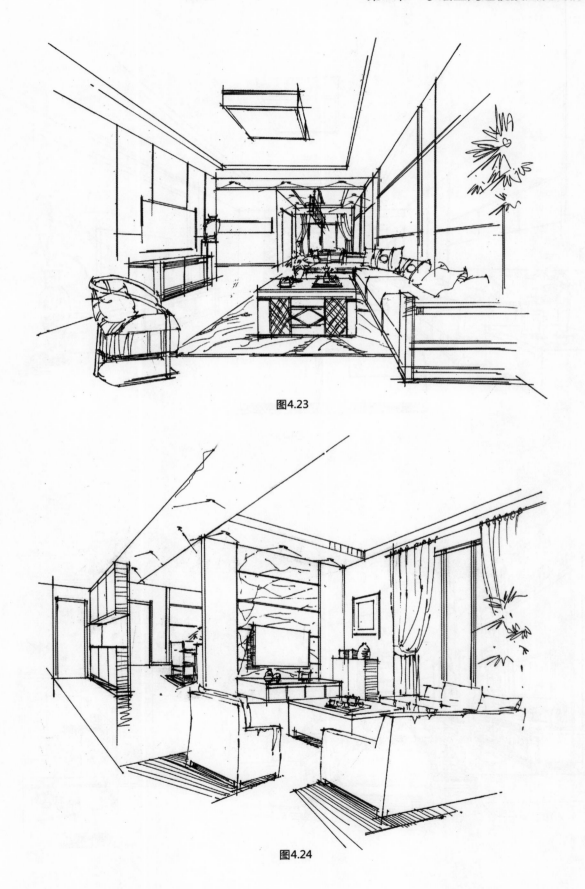

图4.23

图4.24

图4.25

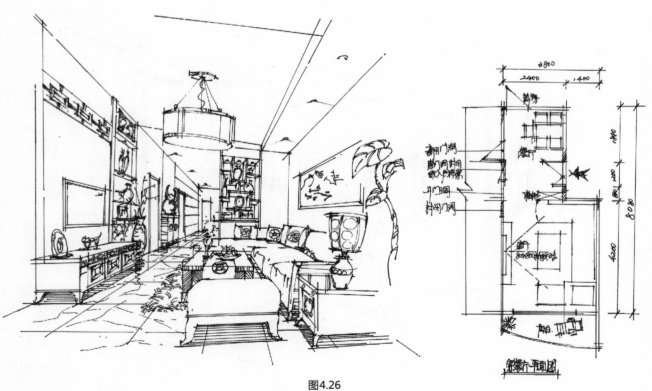

图4.26

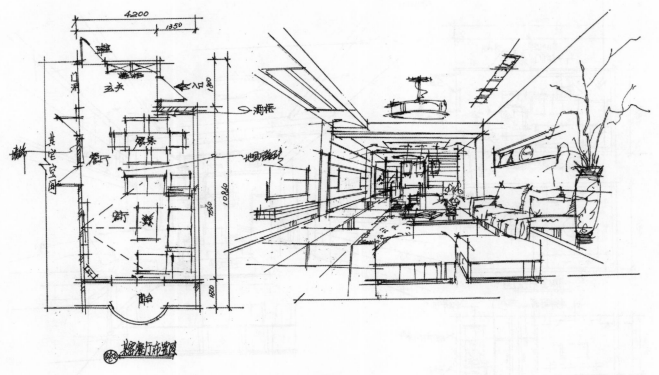

图4.27

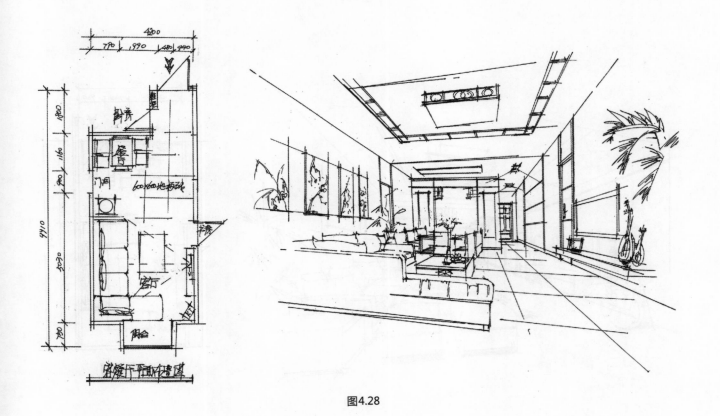

图4.28

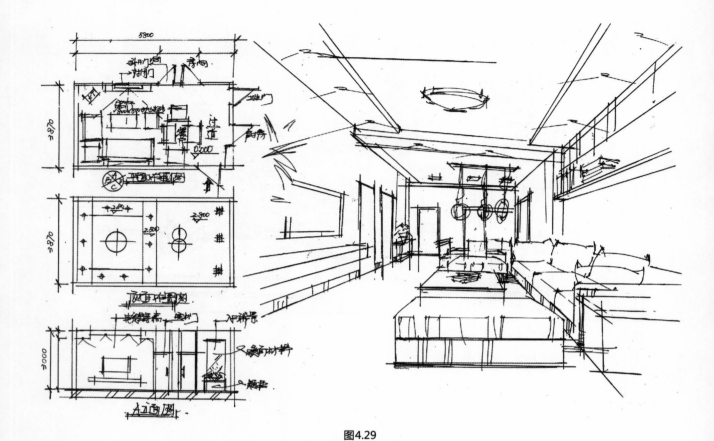

图4.29

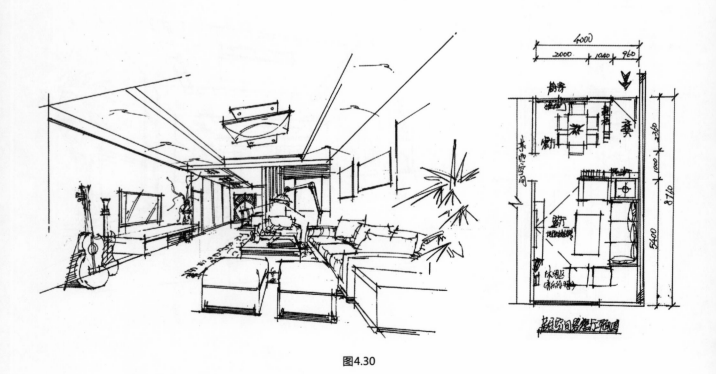

图4.30

图4.31

图4.32

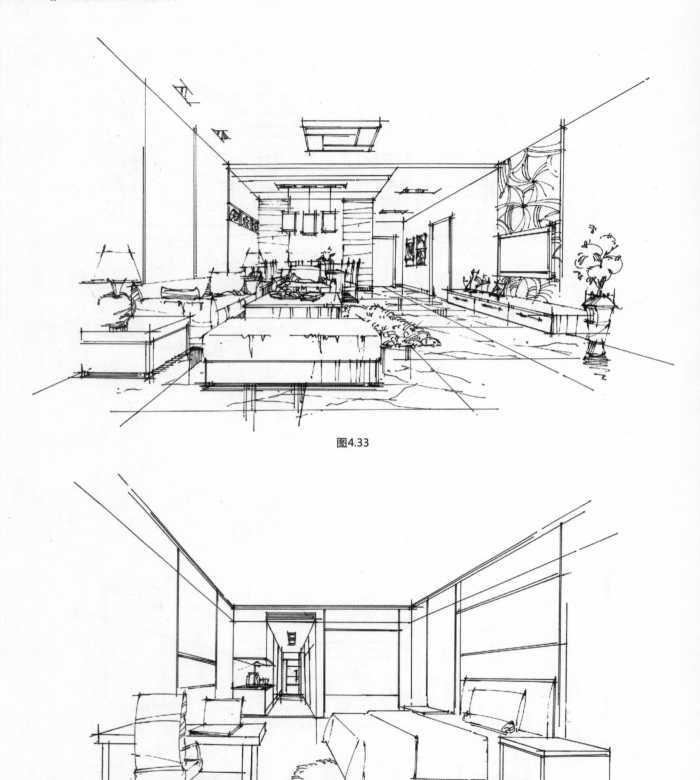

图4.33

图4.34

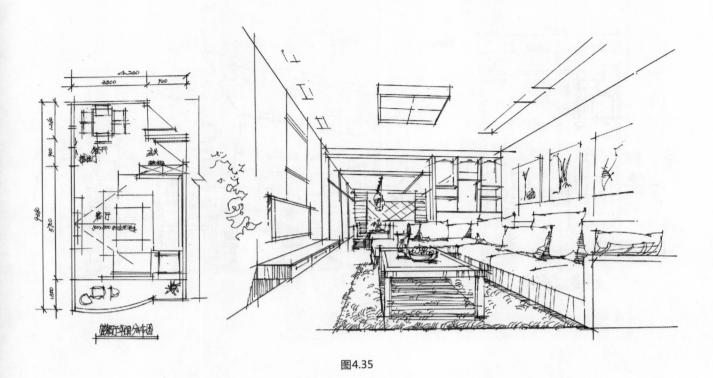

图4.35

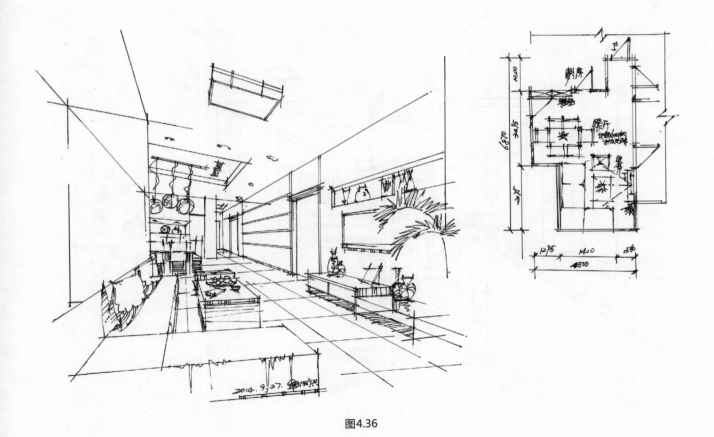

图4.36

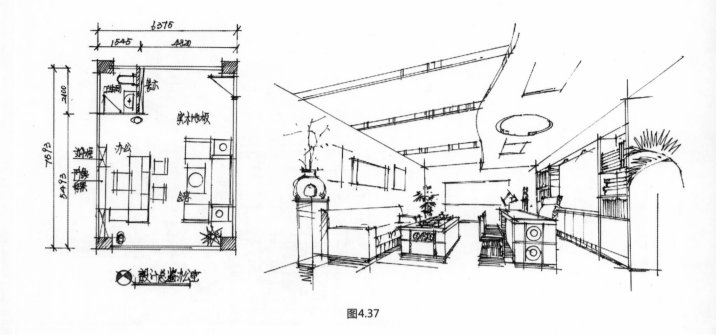

图4.37

图4.38

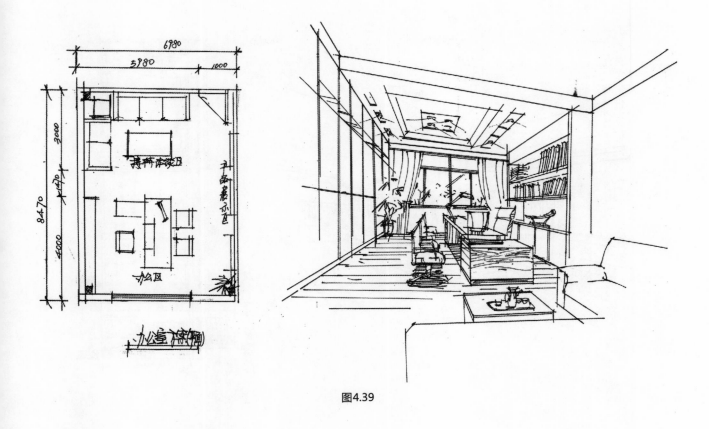

图4.39

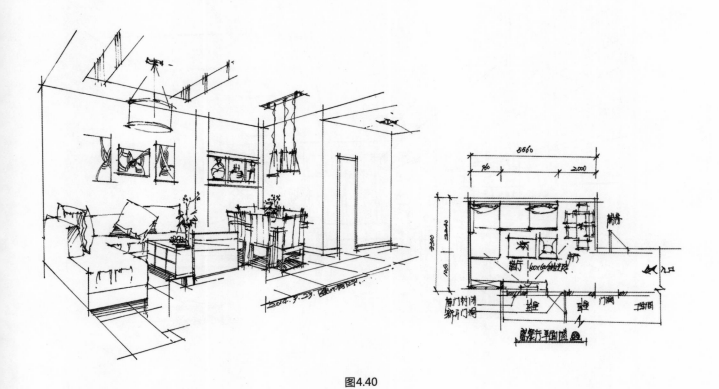

图4.40

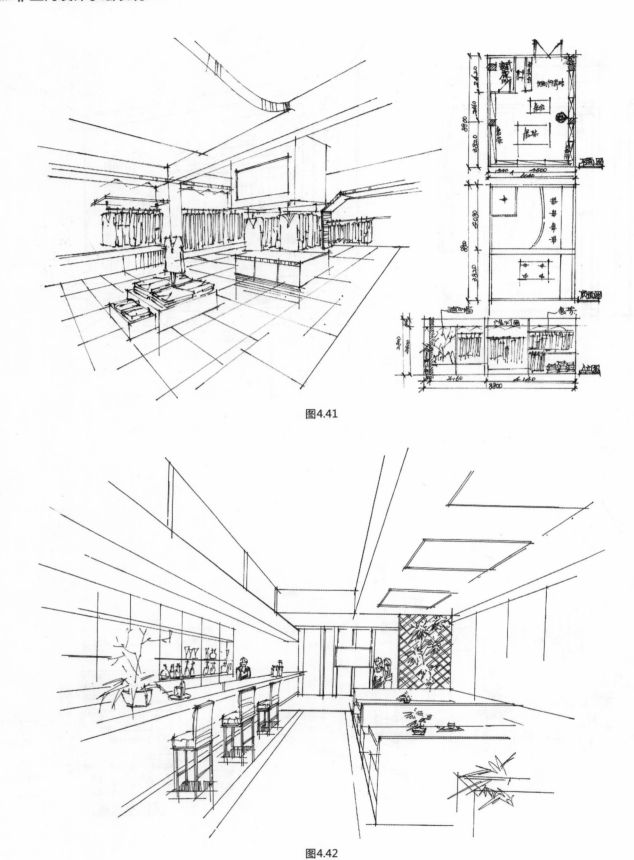

图4.41

图4.42

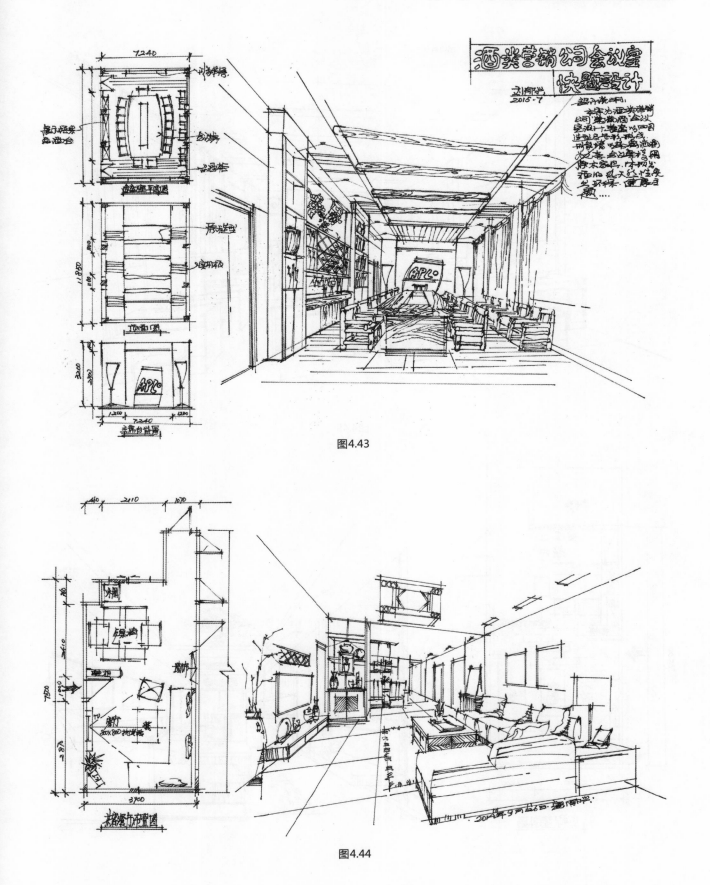

图4.43

图4.44

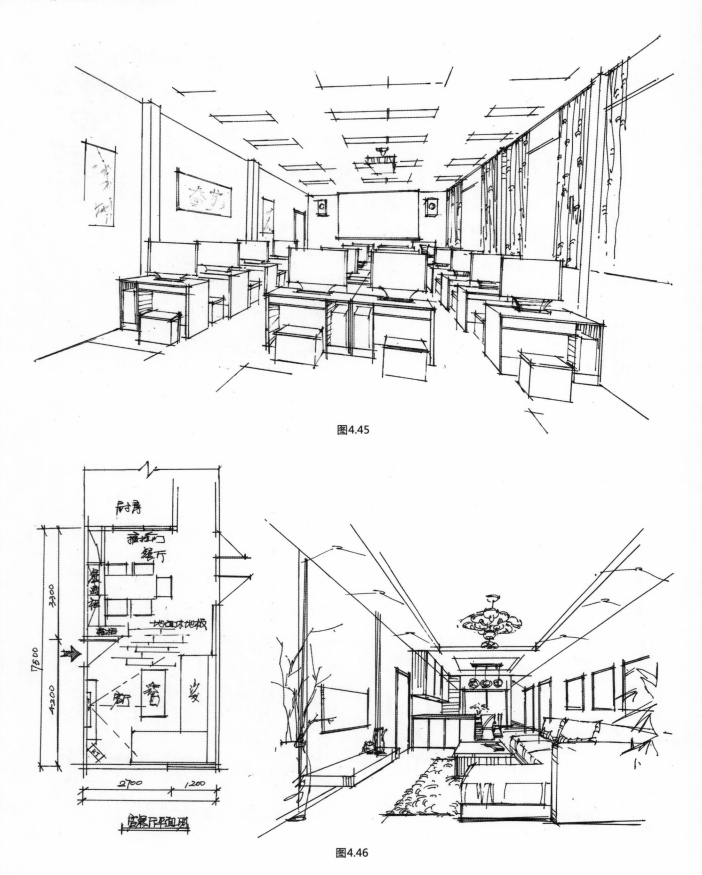

图4.45

图4.46

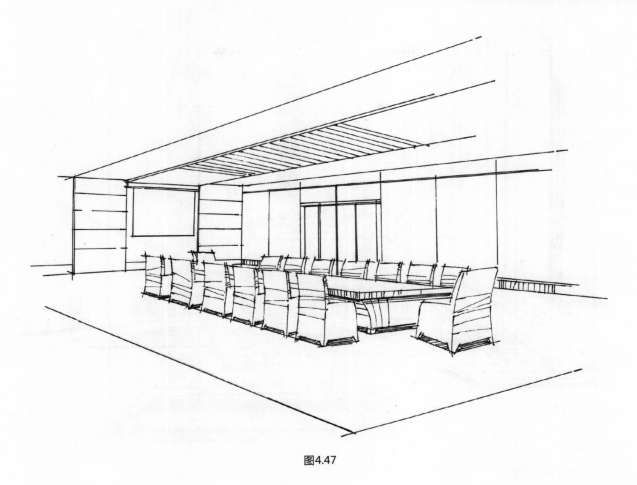

图4.47

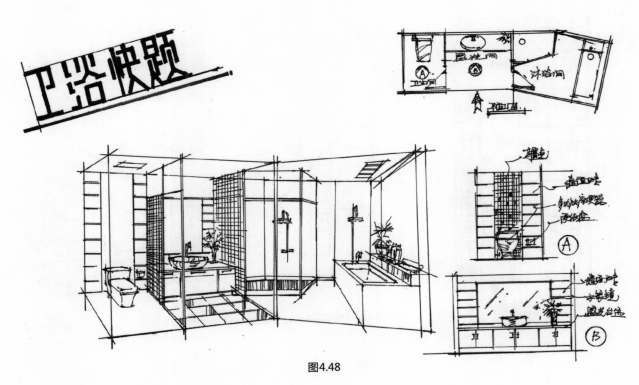

图4.48

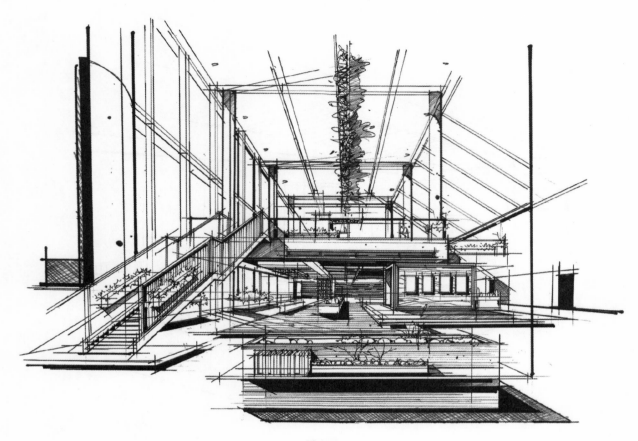

图4.49

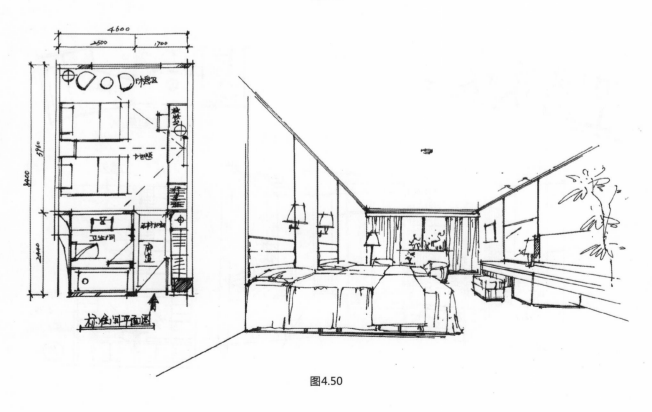

图4.50

第5章　快速手绘色彩表现

5.1　马克笔快速色彩表现基础

5.1.1　马克笔的笔法

马克笔的笔法，也可称为笔触。马克笔表现技法的具体运用，讲究的是笔触。它的运笔一般分为点笔、线笔、排笔、叠笔、乱笔（披麻点）等，绘画时一般多种笔触相结合。

点笔——多用于一组笔触运用后的点睛之处。

线笔——其线条有曲直、粗细、长短等变化。

排笔——重复用笔的排列，多用于大面积色彩的平铺。

叠笔——笔触的叠加，体现色彩的层次与变化。

乱笔——多用于画面或笔触收尾时。其形态往往随作者的心情所定，要求作者对画面要有一定的理解与感受。（图5.1～图5.3）

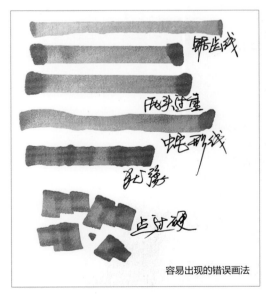

容易出现的错误画法

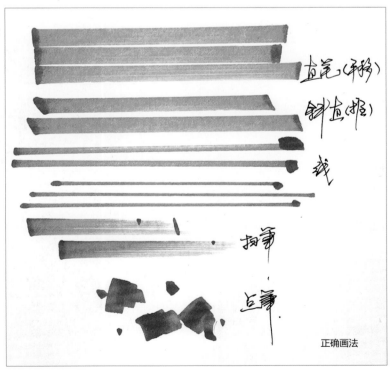

正确画法

图5.1

图5.2

图5.3

5.1.2　马克笔表现技巧

1. 同类色彩叠加

马克笔中冷色与暖色系列按照排序都有相对比较接近的颜色，且颜色编号也是比较接近的。画受光物体的亮面色彩时，先选择同类颜色中稍浅些的颜色，在物体受光边缘处留白，然后用同类的稍微重一点的色彩画一部分叠加在浅色上，这样便在物体同一受光面上表现了三个层次。马克笔的用笔要有规律：同一个方向基本成平行排列状态；物体背光处可用稍有对比的同类重颜色，物体投影明暗交界处可用同类重色叠加重复数笔。（图5.4）

图5.4

2. 物体亮部及高光处理

物体受光，亮部要留白。高光处要提白或点高光，可以强化物体受光状态，使画面生动，且强化结构关系。（图5.5）

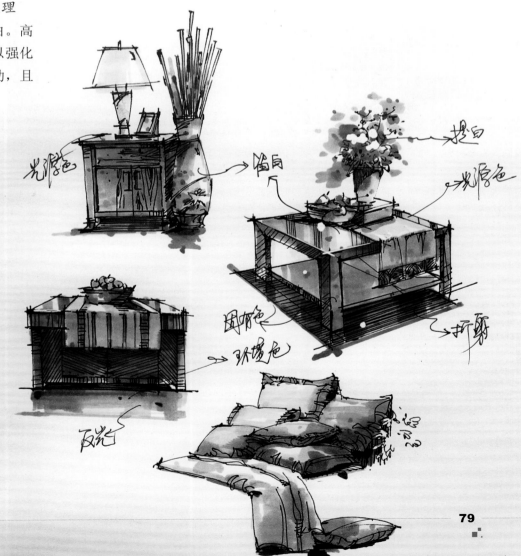

图5.5

3. 物体暗部及投影处理

物体暗部和投影处的色彩要尽可能统一，尤其是投影处可再重一些，投影应有变化。画面整体的色彩关系主要有受光处的不同色相的对比、冷暖关系以及亮部留白等，从而构成丰富的色彩效果。画面的暗部结构要统一、和谐，即使有对比也应是微妙的对比。切记暗部不要有太强的冷暖对比。（图5.6）

图5.6

4. 纯度高的颜色应用

画面中要慎用纯色。纯色用好了会使画面丰富生动，反之则杂乱无序。当画面结构形象复杂时纯色要尽量少用，面积不要过大，色相不要过多，用尽可能少的颜色画出丰富的感觉。画面结构关系单一时，可用丰富的色彩调解画面。

5.2 不同材质的色彩表现

要表现出材质的特性、纹理、质感。要画好材质线稿，需要我们对材质的纹理有所了解，才能更好地表现材质的受光面。而马克笔刻画的就是材质的受光面，它可对材质的光影关系进行多层次的刻画，以突出材质的质感。（图5.7、图5.8）

木材

木材

石材

瓷砖

文化石

虎皮墙

藤编

马赛克

图5.7

玻璃

玻璃

金属

织物

墙纸

墙纸

图5.8

5.2.1 石材、瓷砖

石材是一种高档建筑装饰材料。石材是人类发展历史上使用得最早的建筑材料，有上万年的历史。石材有着天然之美，装饰着室内外环境，在古今中外有很多石材建筑佳作。建筑装饰用石材有天然石材和人造石材两大类。天然石材显露出自然形态，契合人与自然的关系；人造石材则为人工打磨，有丰富的文化内涵。石材在装饰中显示出既素雅、温馨又华贵、大气的暖色色调的装饰风格。根据石材的特性，其常用于室内外墙面、地面装饰以及艺术品雕刻等。

瓷砖表现方法与石材基本相同。

5.2.2 木材

木材具有重量轻、强度高、弹性好、耐冲击、纹理色调丰富美观的特点，所以在色彩的表达时要保留木材的纹理和色调本身的特点。木材本身具有天然的纹理，作为家具和装饰材料，具有很好的装饰性；是其他材料所不可取代的天然良材。它加工容易，纹理自然而细腻，与油漆结合可产生不同深浅、不同光泽的色彩效果。一般要求表现出木纹的肌理。练习时可选用同一色系的马克笔重叠画出木纹，也可用钢笔、马克笔勾或用"枯笔"来拉木纹线，徒手快速运笔，则纹理的表现较佳。

5.2.3 金属材质

金属材质表面感光和色彩反射方面十分明显，而在受光与反射光之间略显本色（各类中性灰色）。为了显示金属形体的存在，作图时可适当地、概念地表现其自身的基本色相以及明暗。基本形状有平板、球体、圆管与方管。受各种光源影响，各种形体的受光面明暗的强弱反差极大，并具有闪烁变幻的动感，因此刻画用笔时不可太死，退晕笔触和枯笔快擦有一定的效果。其背光面的反光也极为明显，应特别注意物体转折处、明暗交界线处和高光的处理。

5.2.4 玻璃及镜面

透明的玻璃由于受光照变化而呈现出不同的特征。当室内黑暗时，玻璃就像镜面一样反射光线；当室内明亮时，玻璃表现为不仅透明，还对周围产生一定的映照。所以在表现时要将透过玻璃看到的物体画出来，把反射面和透明面相结合，可使画面更有活力。反射的一般是玻璃后面的景物，以及玻璃的固有色。

1. 透明玻璃

渲染透明玻璃。首先要将被映入的建筑或室内的景物绘制出来，然后按照所要表现的玻璃固有的颜色用平涂的方法绘制一层颜色即可。而对于一栋建筑来说，其底层可以用这种方法进行渲染，但随着高度的增加就要减弱对其刻画的程度，要加大玻璃的反光度。

2. 镜面玻璃

先画玻璃的固有色作为底色。画时笔触应该整齐，不宜凌乱而琐碎。同时要根据窗户角度的不同，除了玻璃要用自身所固有的颜色进行渲染外，还需要对周围环境的色彩加以描绘与表现。对于建筑物的玻璃，可采取反射和通透相结合的形式，对反射天空和周围环境做好明暗与虚实的变化。所透映的室内物体要以概括、抽象的手法，简略、概括地表现出来。

5.2.5　织物

织物有着缤纷的色彩，在具体装饰中运用可使空间丰富多彩。地毯、窗帘、桌布、沙发等柔软的质地、明快的色彩可使室内氛围亲切、自然。画面可运用轻松、活泼的笔触来表现柔软的质感，与其他硬材质形成一定的对比。织物的效果表现富有艺术感染力和视觉冲击力，能调节空间色彩与场所气氛。

布艺、窗帘在手绘表现的时候线条要流畅，下垂要自然，注意转折、缠绕和穿插的关系。刻画织物底纹的时候线条要根据整体形体的透视变化而变化，注意穿插关系和遮挡关系，控制好整体的层次和虚实。

5.2.6　壁纸

壁纸也是手绘表现中一种常见的材质。这种材质能够很好地衬托空间气氛，其刻画也比较简单，一般都是用彩铅进行刻画，偶尔需要一些重色加以点缀。

5.2.7　配景

近景植物注意其造型、姿态以及植物叶片的前后关系的表现。渲染时注意层次、转折以及色彩深浅和色相变化。还应注意花叶的疏密、枝干的穿插及植物轮廓的虚实与错落。表现近景树木时，可采用剪纸形式的镂空；表现远景树木时可用单线勾勒植物整群轮廓。

5.3　家具陈设色彩表现

5.3.1　家具陈设色彩表现步骤

步骤一：用浅色大面积平铺（亮面留白）。
步骤二：同种色中进行色层刻画。此时要特别讲究笔触的刻画（根据物体结构）。
步骤三：用重颜色点缀。这可起到画龙点睛的作用，但要慎重使用，不可大面积使用。只要掌握好用法与用量，重颜色便成了整个画面出彩的地方。
步骤四：画阴影。注意光源色和反光（可适当使用彩铅）。（图5.9、图5.10）

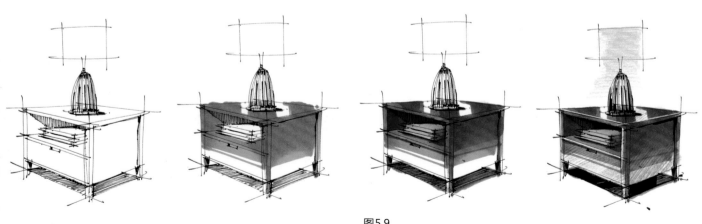

图5.9

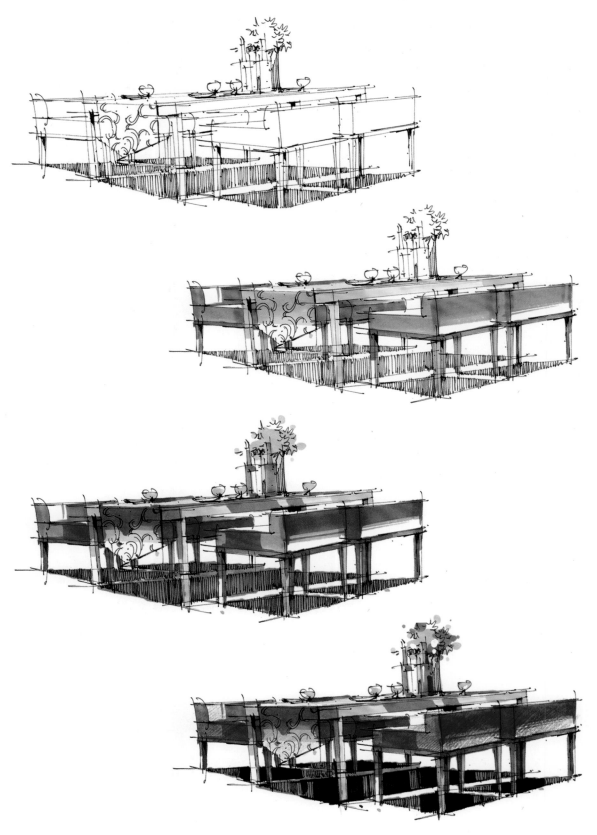

图5.10

5.3.2　家具陈设色彩表现的内容

　　手绘色彩表现时要在短时间内表现物体的形体特征和色彩特征，不必过多地进行刻画。上色时最重要的是保持轻松自然的心态，不必拘谨，但要受具体形体的约束。色彩是为形体服务的，因此有"色彩应该画在形体上，不应该画在纸上"的说法。应该让色彩具有说服力和表现力。通过色彩的表现，形体可真正地在画面上凸显出来。（图5.11）

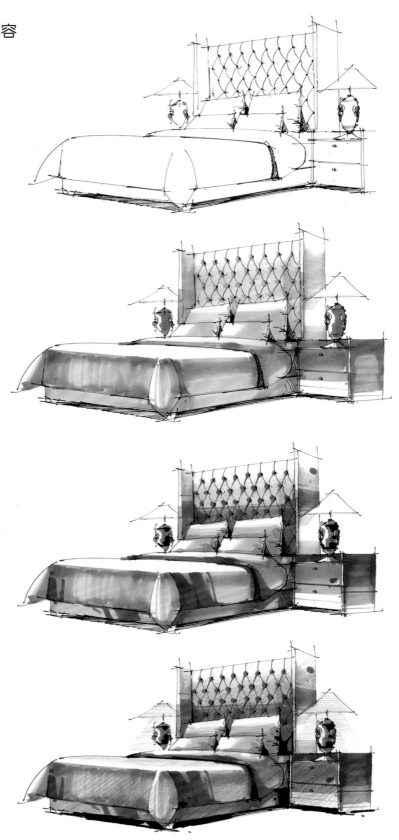

图5.11

上色时应注意以下几点：

（1）用笔要遵循形体的结构，这样才能够充分地表现出形体感。

（2）用色要概括，要有整体上色概念，笔触的走向应该统一。特别是用马克笔上色，应该注意笔触间的排列和秩序，以体现笔触本身的美感，不可画得凌乱无序。

（3）形体的颜色不要画得太"满"，特别是形体之间的用色，要有主次之分。要敢于留白，颜色也要注意有大致的过渡变化，以避免呆板和沉闷。

（4）用色不可杂乱，要用最少的颜色画出最丰富的效果。用色不可"过火"，要"温和"。要有整体的色调概念。中性色和灰色是画面的灵魂。

（5）画面不可太灰，要有虚有实，要注意黑白灰的关系。黑色和白色是"金"，很容易画出效果，但要慎用。（图5.12～图5.25）

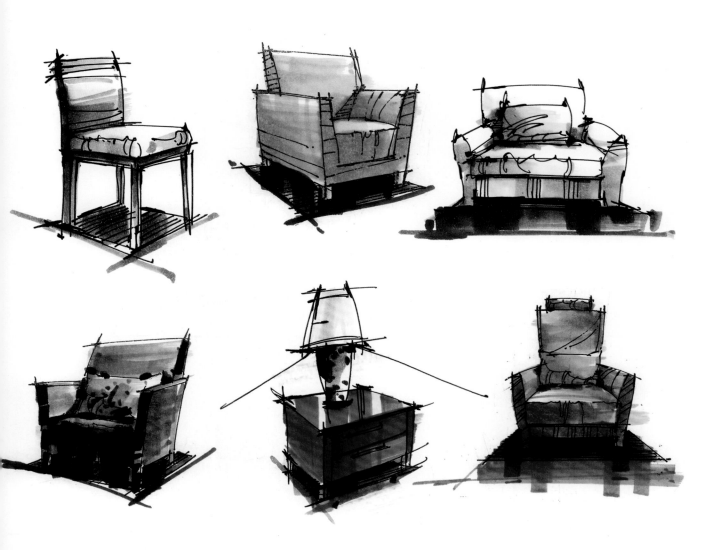

图5.12

图5.13

图5.14

图5.15

图5.16

图5.17

图5.18

图5.19

图5.20

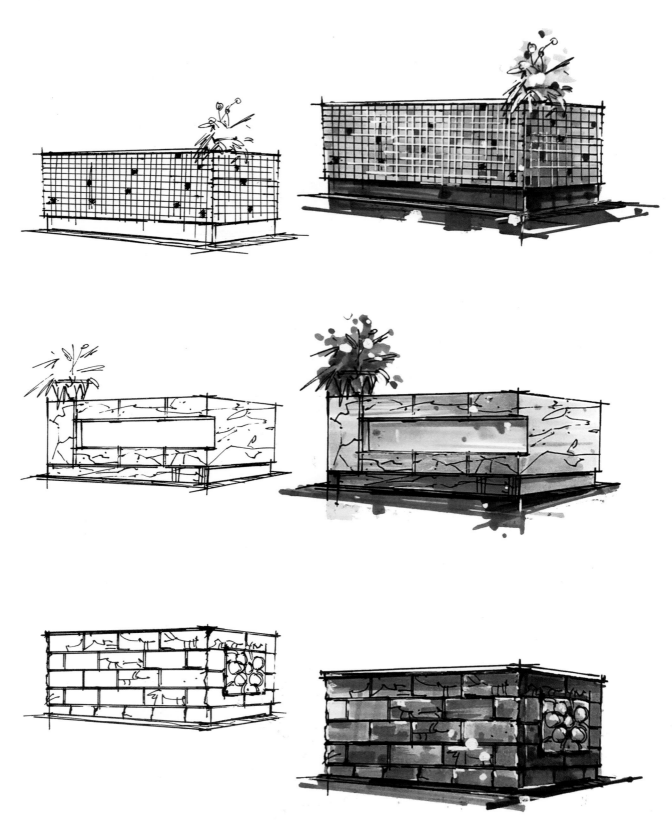

图5.21

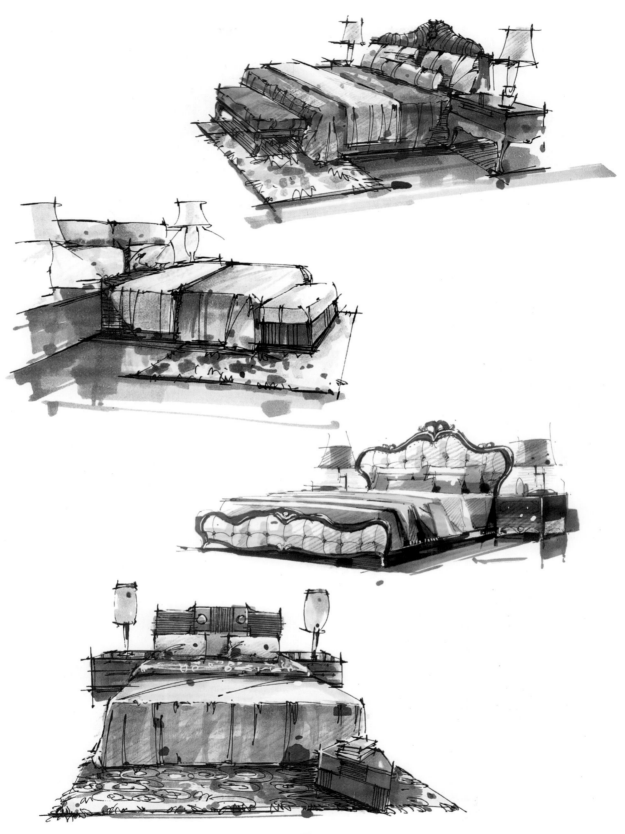

图5.22

图5.23

图5.24

图5.25

5.4　彩铅表现基础

　　彩色铅笔上色的基本画法有平涂排线、叠彩排线、水溶退晕等。彩铅在室内设计手绘表现时常与马克笔结合，以协调画面，丰富色彩。单一的彩铅上色画面视觉冲击力相对较弱。

　　平涂排线：运用彩色铅笔排列线条（与素描排线方法相同），可达到色彩一致的画面效果。

　　叠彩排线：运用彩色铅笔排列出不同色彩的线条，色彩重叠使用，色彩效果丰富。

　　水溶退晕：利用水溶性彩铅易溶于水的特点，将绘制在图纸上的彩铅色涂上水，达到退晕的画面效果。（图 5.26）

平涂排线

叠彩排线

水溶退晕

图 5.26

5.5 平面图、立面图色彩表现

平面图色彩表现如图5.27所示，立面图色彩表现如图5.28所示。

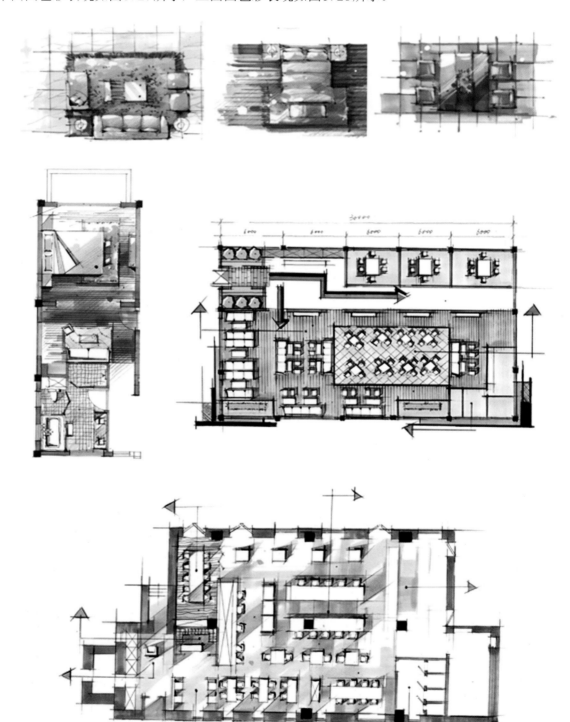

图5.27

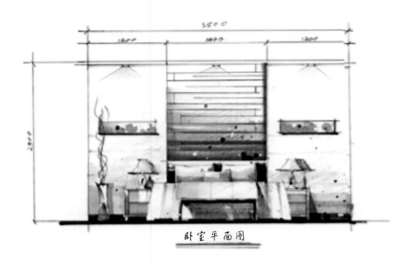

卧室平面图

电视背景墙

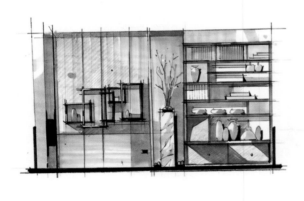

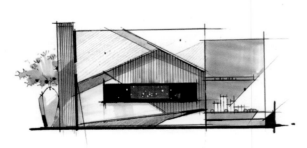

图5.28

5.6 室内空间上色步骤

在室内空间的表现中，除了把握空间尺度、透视关系的准确性外，还应科学合理地创造出舒适优美、满足人们物质和精神生活需要的室内环境，并让这一空间环境既具有使用价值，满足相应的功能要求，又能反映不同的历史底蕴、文化品位，营造出不同的精神氛围。

5.6.1 起居室上色步骤

步骤一：调整空间的明暗关系，在对空间上色时对其明暗关系进行分析且有效地把握，做到胸有成竹。（图5.29）

步骤二：浅色着色。用浅色把空间物体分出亮面和暗面，把明暗关系表达出来，确定整幅画面的色彩关系。（图5.30）

步骤三：深入刻画，在表现空间的主体部分强调物体间的色彩明暗关系。（图5.31）

步骤四：强调画面的主次、空间感及明暗关系，调节整幅画面的色彩平衡。（图5.32）

图5.29

图5.30

图5.31

图5.32

5.6.2 客厅上色步骤

步骤一：调整空间的明暗关系，空间上色时对其明暗关系进行分析。不可过度刻画，为上色留余地。（图5.33）

步骤二：浅色着色，把明暗关系表达出来，确定整幅画面的色彩关系。（图5.34）

步骤三：深入刻画，强调画面的主次、空间感，在表现空间的主体部分强调物体间的色彩明暗关系（图5.35）

步骤四：刻画主要材质，调节整幅画面的色彩平衡。（图5.36）

图5.33

图5.34

图5.35

图5.36

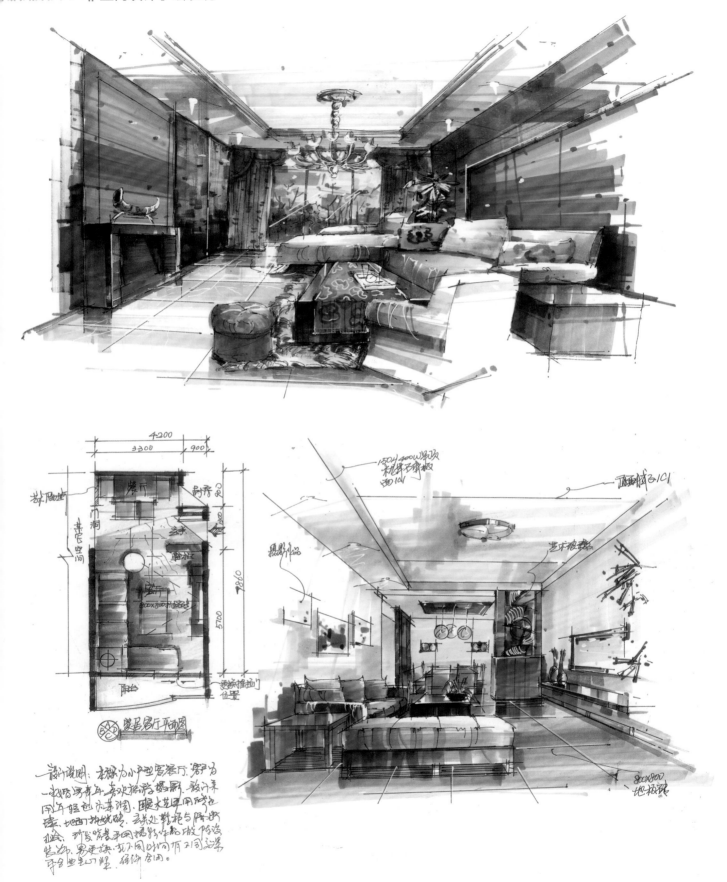

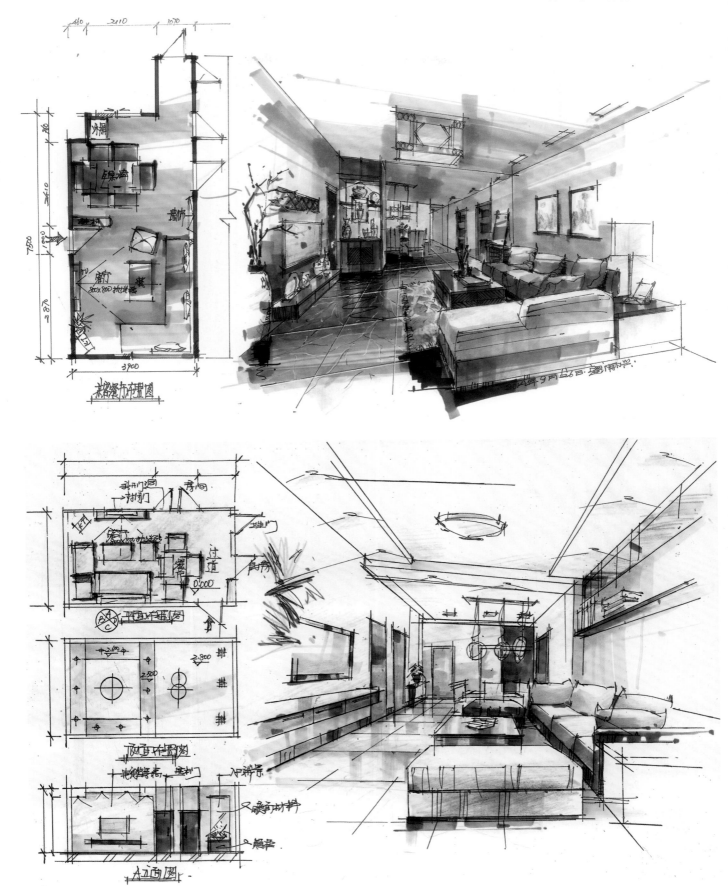

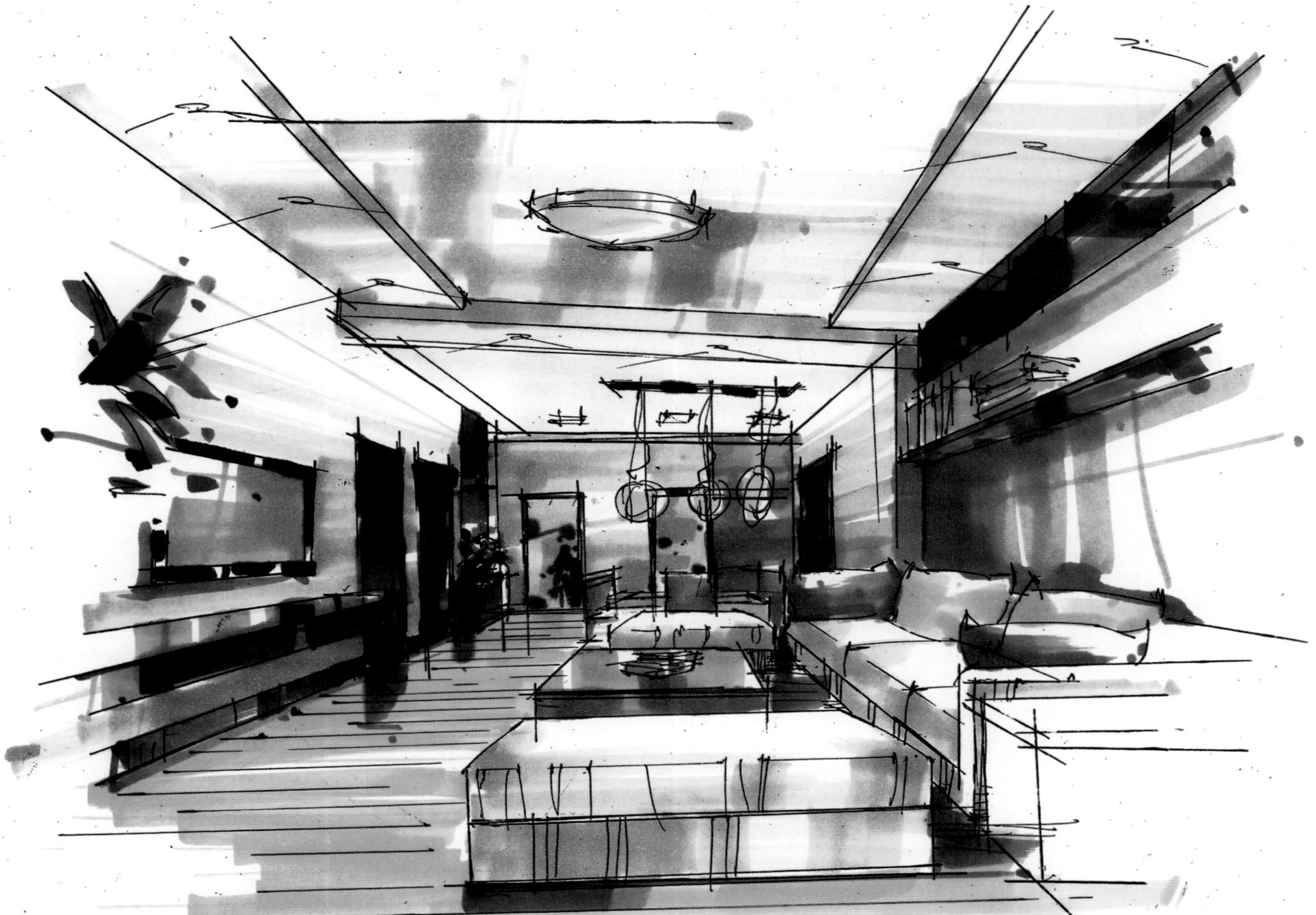

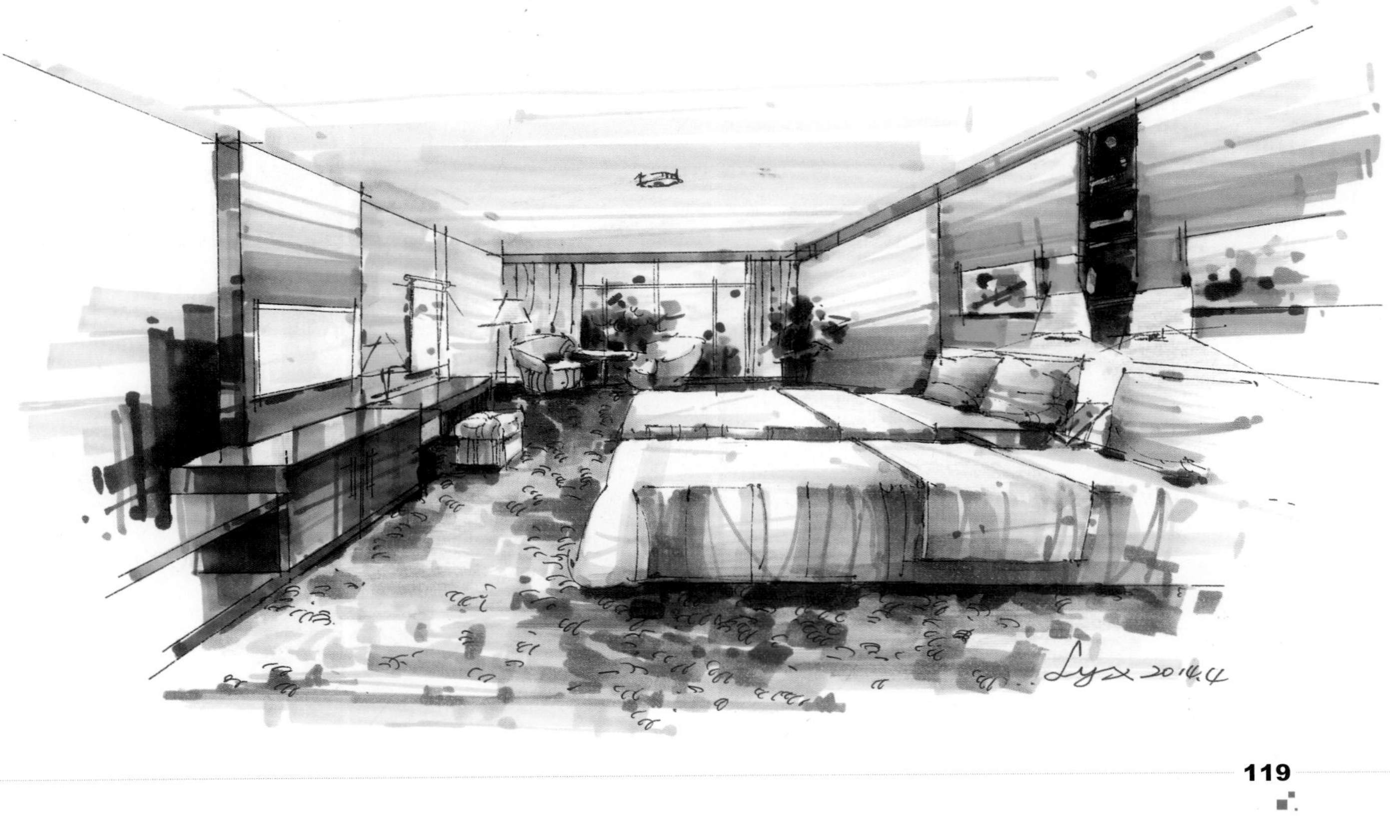
Lyx 2014.4

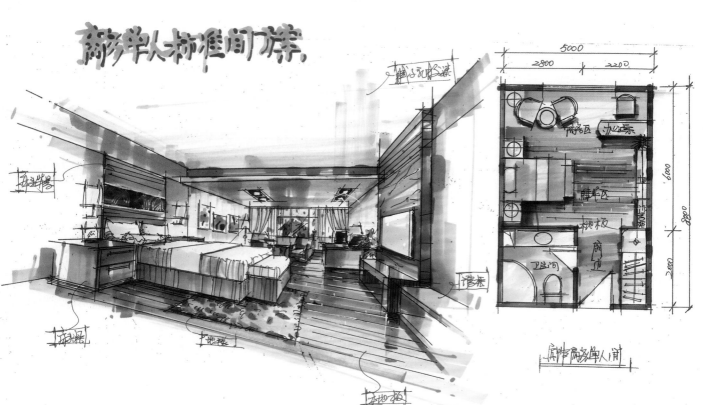

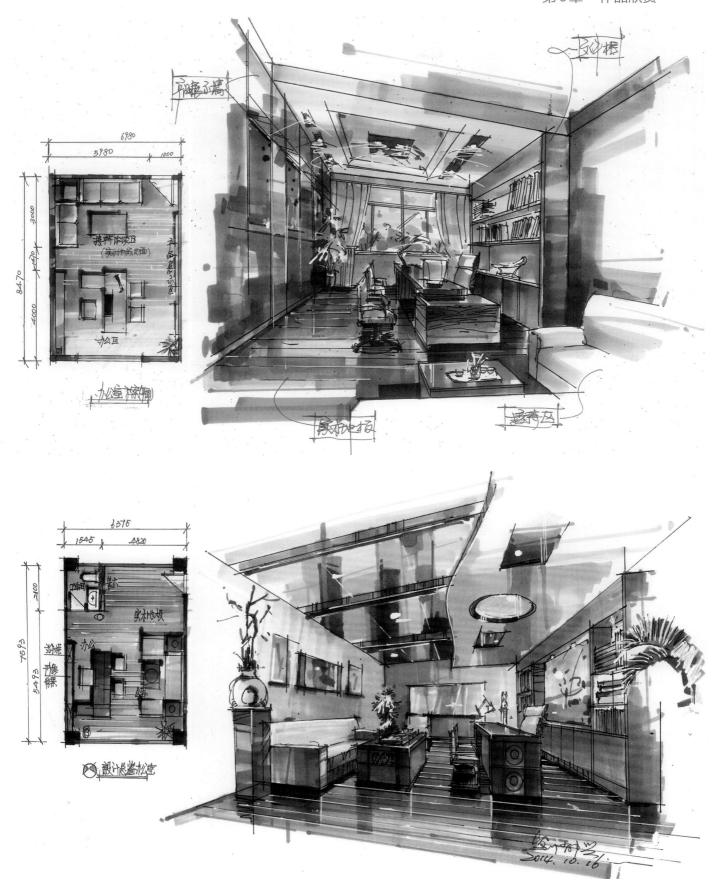

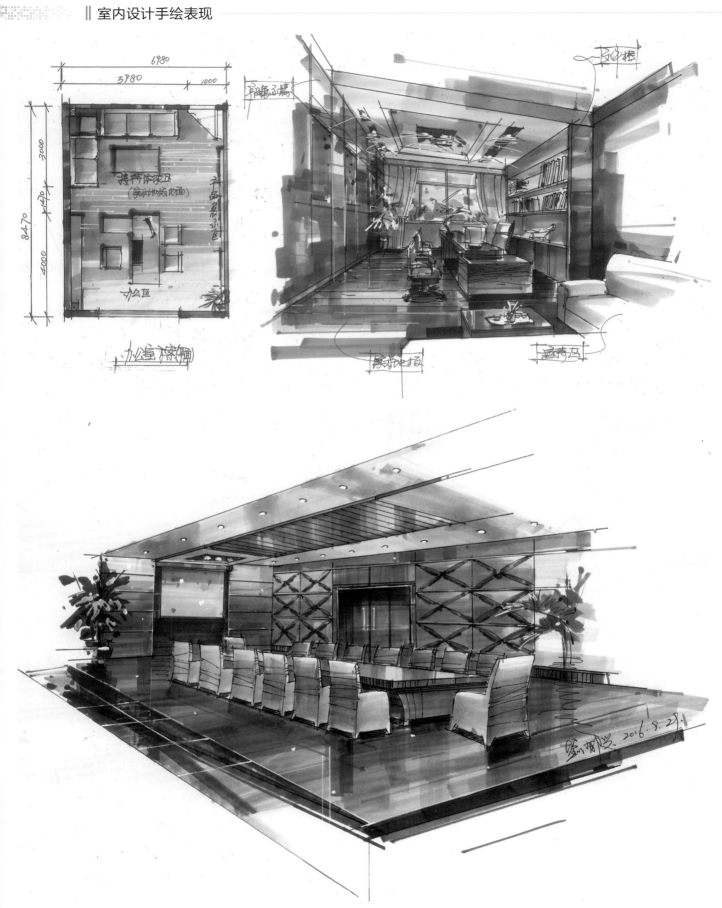

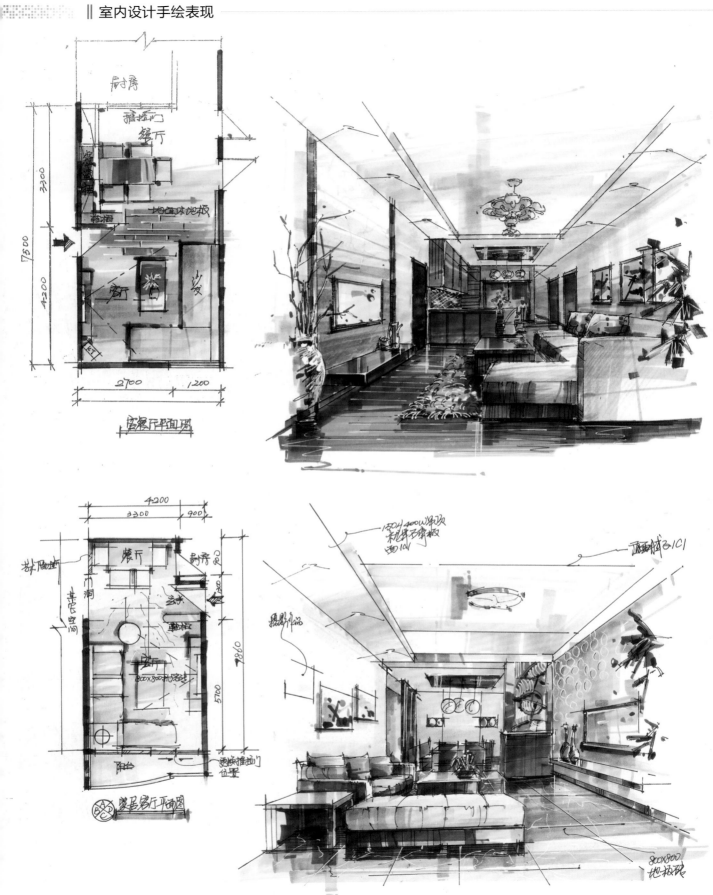

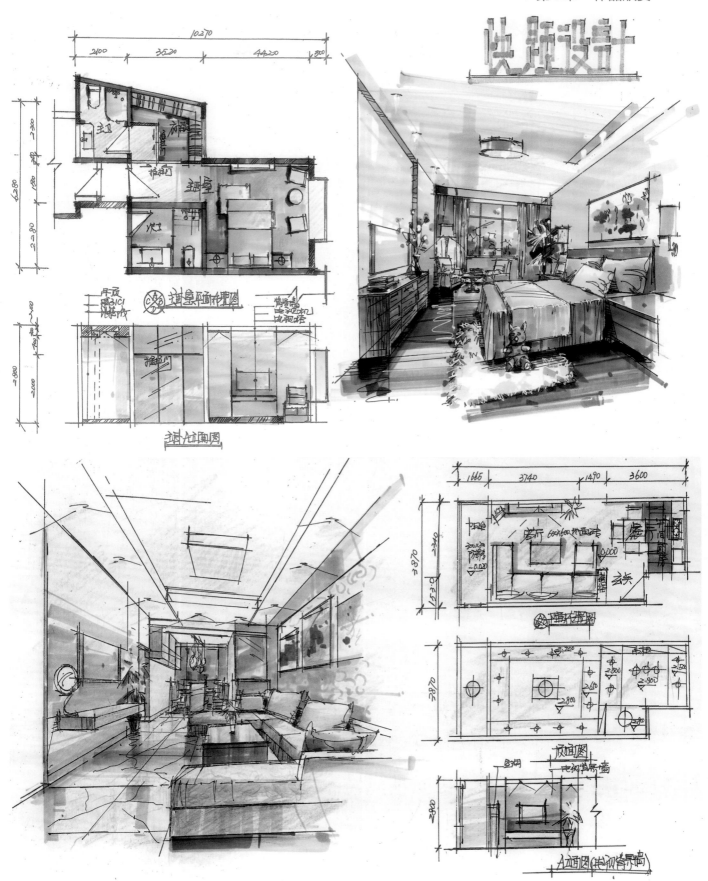

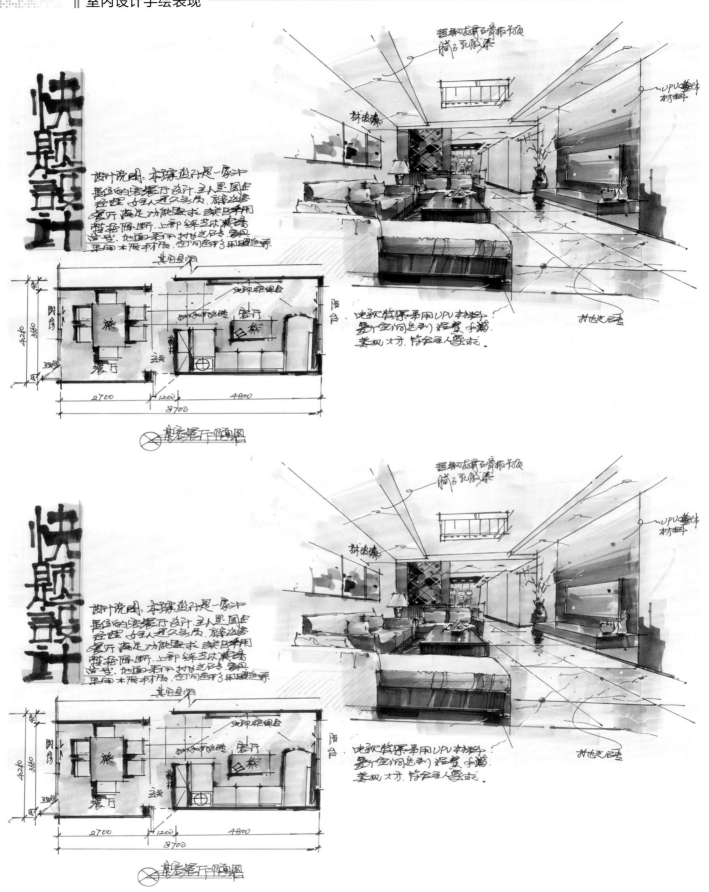

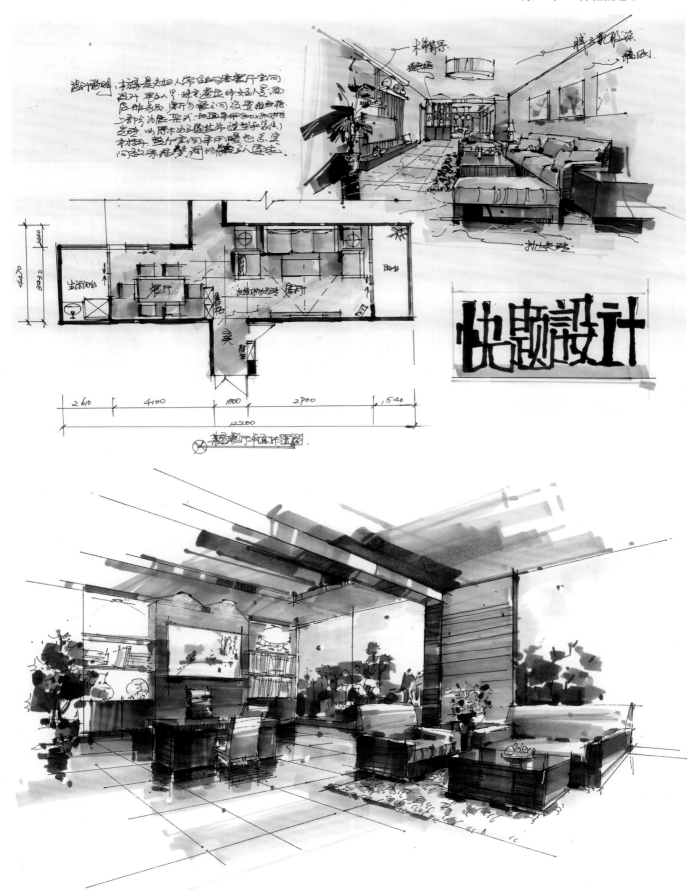

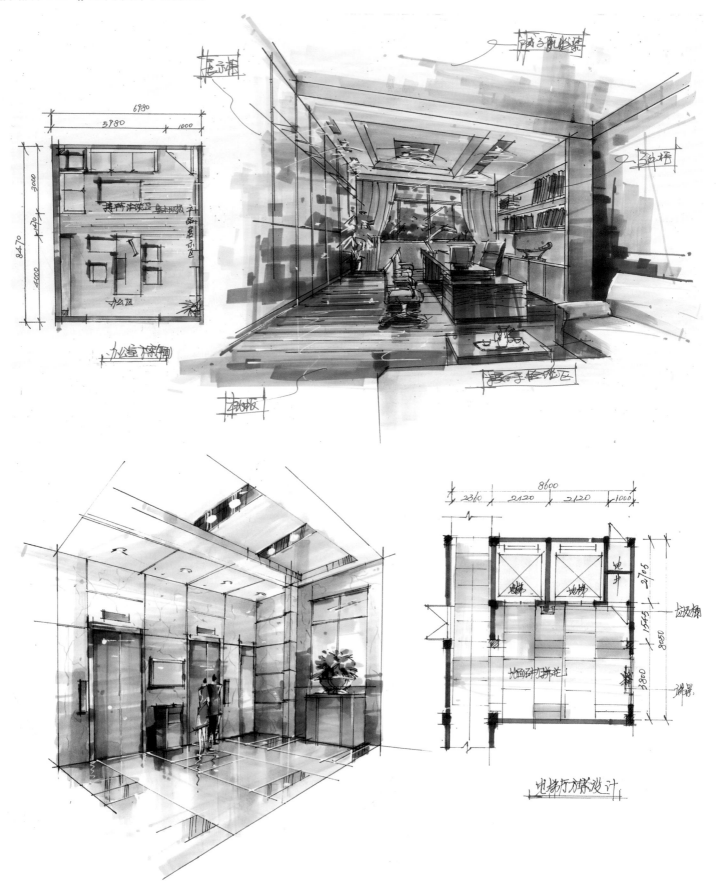

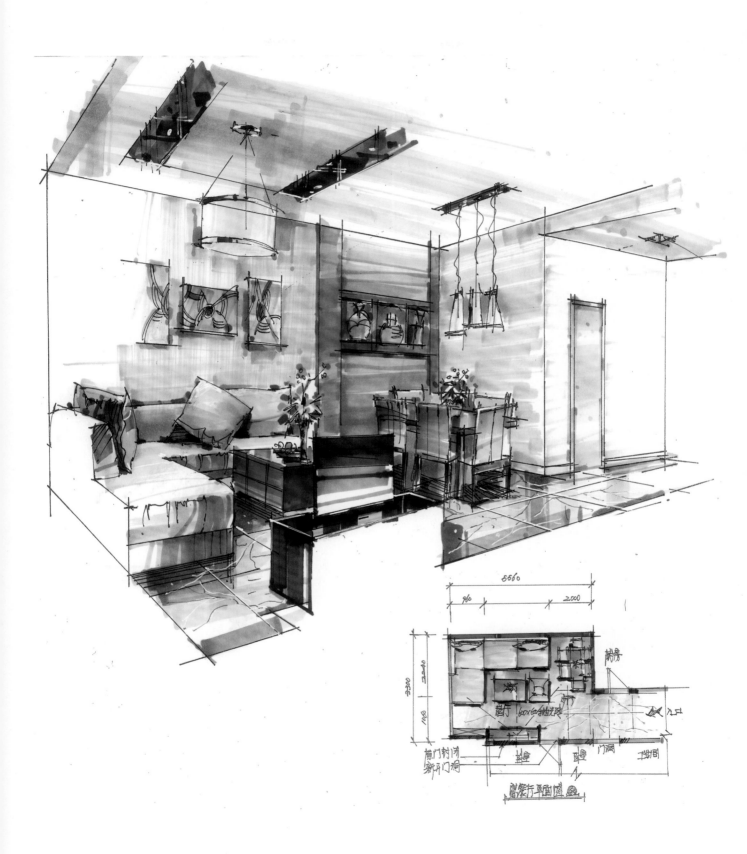

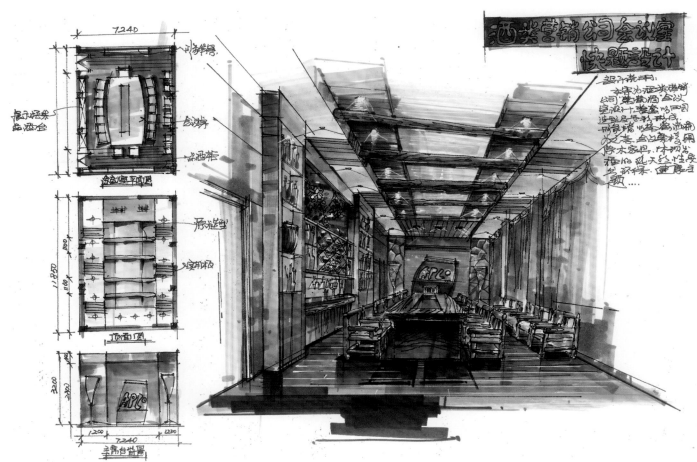

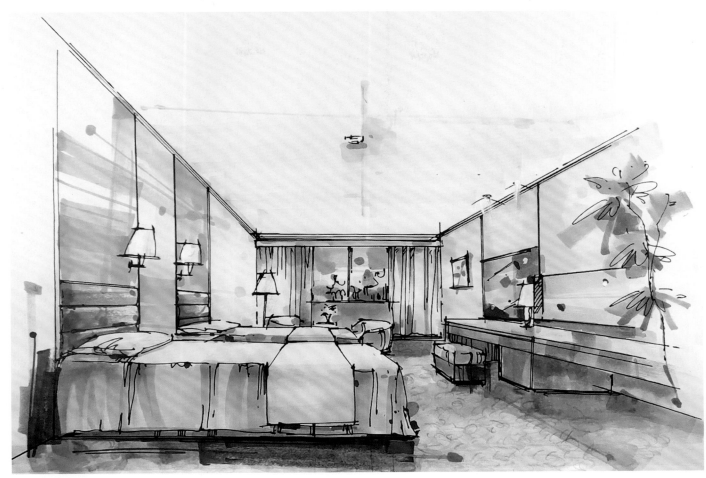

餐厅

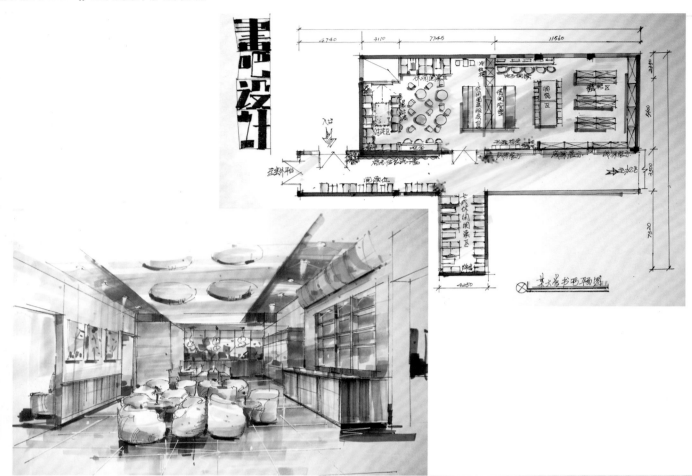